インフラ
infrastructure
自分で作る教科書
入門編

大内 敏昭
関 裕介
Carl Stevens
笠原 弘美 （共著）

説話社

本書の利用について

本書は、ネットワークならびにLinuxの知識をつける目的のものです。ただし、一般書籍と異なり、文章中に空白で内容が未完成となっている部分が多く構成されています。

これは、読者ご自身が、実際に書籍の中に書き込んで覚えていくために用意されているためのものです。

したがって、完成した書籍として扱う予定のある場合、ご希望の内容になっていないことをご承知おきください。

巻末には、未完成部分に書き込む文言は用意していますが、本書籍の対象者は、実際に手を動かしながら書籍に書き込みをする人向けで、ご自身のオリジナル参考書を作成することが苦にならない人向けです。

記載内容に関しても、一般書籍にある基本事項を全て網羅する内容ではなく、よく利用されると想定される内容をピックアップしているものです。

本書の構成

本書は、大きくネットワークに関する分野と、Linuxに関する分野に分かれています。

読み進める上で、Linuxからスタートしても、構いません。

Linuxをより理解する上では、Linuxをインストールしてある環境が用意されていることが推奨されます。

ネットワーク分野では、主にネットワークに関する基礎知識およびネットワーク構成の作成について紹介しています。

Linux 分野では、主に通常使用に困らないコマンドライン操作を紹介しています。

実務で使う Linux は、サーバ用途が多いですが、本書内ではサーバ設定類には触れていません。

Linux に慣れる点とコマンドラインで優れている点を理解してもらうと、サーバに関する操作も難しいものではないと理解できると思います。

本書における表記例

本書では、いくつかの表記方法に従って記載しています。

実際のコマンド入力例や設定ファイル書式類および出力結果は、次のように点線枠の中に記載しています。

```
入力コマンド
出力結果
```

また、コマンドオプションなどの説明において、「不等号記号 < (小なり)」「不等号記号 > (大なり)」を使って囲んでいる文字があります。実際にはこの記号は、入力せずに囲まれた文字も可変となっています。

```
表記例　　　echo "<string>"
実際の入力　echo "Hello world"
```

入力形式の説明において、[ ] で記載されている箇所については、省略が可能です。「…」は複数入力可能という意味合いです。

```
表記例　　　ls [option…] [<File>…]
実際の入力　ls
実際の入力　ls -ltr / /var/log
```

また、紙面の幅に収まらないコマンドやコードは、複数行に分かれていますが、実際の入力は [Enter] キーを押さずに、そのまま入力してください。

本書内で使われているフォントの関係上、「\（バックスラッシュ）」が「\」または「¥」の記号であらわされます。実際のターミナル操作においても、使うフォントによって表示される記号が「\（円記号）」になりますが、意味合いは同じになります。

商標、ロゴマークについて

Cisco、Cisco ロゴ、および Cisco Systems は、Cisco Systems, Inc. またはその関連会社の米国及びその他の国における、登録商標または商標であり、ライセンスに基づき使用されています。

Microsoft は、米国 Microsoft Corporation の米国およびその他の国における登録商標または商標です。

CentOS, Red Hat Enterprise Linux は Red Hat, Inc. の登録商標または商標です。

「Linux」は、Linus Torvalds 氏の米国及びその他の国における、登録商標または商標です。

Raspberry Pi は Raspberry Pi 財団の登録商標です。

Docker および Docker のロゴは Docket, Inc. の米国およびその他の国における商標または登録商標です。

その他、本書に記載されている会社名及びロゴ、製品名などは該当する会社の登録商標または商標です。

本書に記載されているシステム名、製品名などは必ずしも商標表示(™,®) を付記していません。

CONTENTS

03 Cisco 機器の操作 40

Linux 基礎編

04 ログイン・ログアウト 70

05 ネットワーク設定 72

巻末資料

ネットワーク
基礎編

コンピュータネットワークは、様々な場所で利用されるようになり進化し続けています。

ネットワークは、「網、網状」という言葉と「作業」という言葉を合わせたもので、複数の構成要素が相互接続された構造です。IT 分野のネットワークは、コンピュータや電子機器を相互接続して、データ通信を可能にする構造で、現在の環境には不可欠なものと考えられます。

IT インフラは、IT を活用した通信基盤およびシステムのことですが、導入や整備は重要な課題の 1 つです。

インフラ構成要素として、IT サービスを提供する側には、サーバシステムや保守に必要なバックアップ装置といったハードウェアをはじめとして、サーバシステムとして動作するソフトウェアがあります。

IT サービスを受給する側には、パソコンや電子機器といったものが挙げられます。

これらの構成要素が、回線を通じて接続を行った状態で、相互通信ができる状態がネットワークとして成り立っています。

特にネットワークの分野では、回線を接続および制御するためのルーターやスイッチといった、ハードウェア特性を理解した上で、通信を可能にするためのネットワークを構成する知識が必要です。

ネットワークの規模が大きくなればなるほど、構成要素や機器の数も増え、品質保証も要求されていきます。

ネットワークの回線種別も、有線ネットワークや無線ネットワークの他に、仮想的なネットワークといったハードウェアだけではなく、ソフトウェアの世界まで進化し続けています。

また、管理や保守性を含めた上で、ネットワークを扱うことができると、柔軟な構成を作ることができます。

ネットワーク基礎編では、ネットワークを構成する要素や名称のほか、TCP/IP ネットワークを構成するための操作について、ハードウェアとして Cisco 機器をベースに紹介していきます。

01
インターネットへ接続する構成要素

現在は身近になったインターネット（Internet）ですが、実際インターネットサービスを受ける時は、どのような構成要素で成り立っているでしょうか。

インターネットは、世界中を接続するネットワークですが、家庭等のネットワークと全て接続しているわけではありません。

インターネットに接続するためには、インターネットへ接続するためのネットワーク回線が必要です。

ネットワーク回線は、日本国内では主に電話回線事業者やケーブルテレビ事業者「002..」が提供しています。

このネットワーク回線を提供する企業を、回線事業者といいます。

ただし、回線環境が整っていても、インターネットへ接続することができない時があります。

インターネットの接続には、回線以外に、ISP（Internet Service Provider）との契約が必要です。ISPは、インターネット通信で必要な、IPアドレスを家庭のルーターに貸し出します。

スマートフォン等で利用するモバイル回線（LTE、4G、5G等）は、回線事業者とISPの役割を1つの会社で行っているため、契約後すぐにインターネットへ接続することができます。

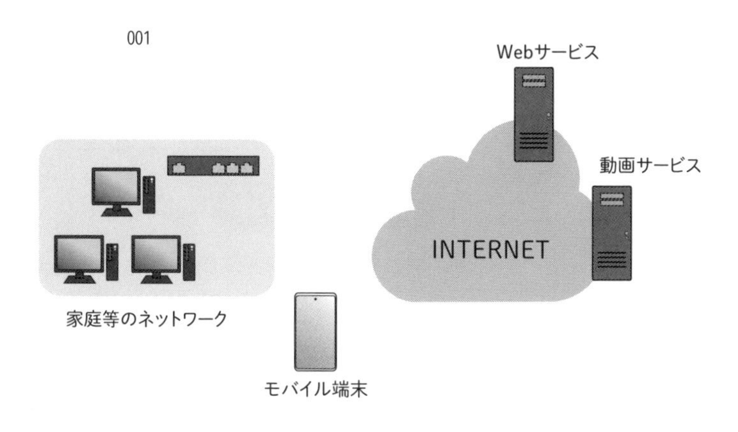

01-1 ネットワークの名称

コンピュータが接続されるネットワークは、複数のネットワークで成り立っています。これらのネットワークの形態や接続に使用する機器には、標準的な名称が用意されています。

● LAN

ローカルエリアネットワーク（Local Area Network）の略称で、企業など「003..」、データを伝送するネットワークです。

LAN を活用することで、複数のコンピュータがプリンタやディスクを共同利用することが可能になります。

現在の有線ネットワークでは、「004..............................」という通信規格、無線では、「005..............」という規格が最も普及していて、その中の分類によって通信速度に違いがあります。

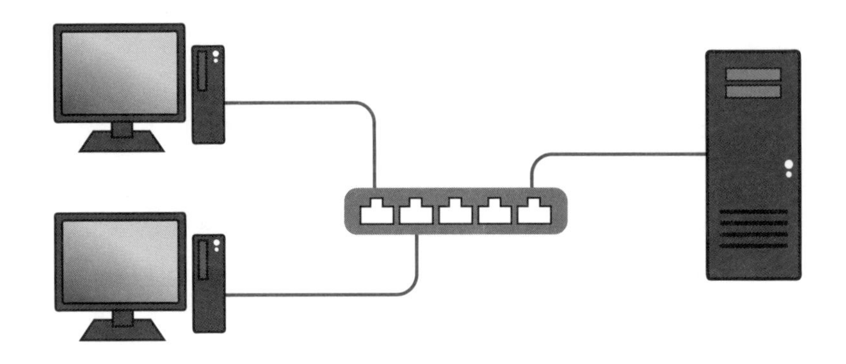

LANで使われるネットワーク機器の大半は、多くのコンピュータやプリンタなどのエンドデバイス（端末）を収容する必要があるため、これらのデバイスを収容することが可能な機器が必要です。

これらの機器には次のようなものがあります。

HUB（ハブ）

HUBは、ネットワーク対応の端末機器を、LANケーブルで接続して有線LANを構成するための集線装置です。接続されている各端末機器は、互いに通信することができます。

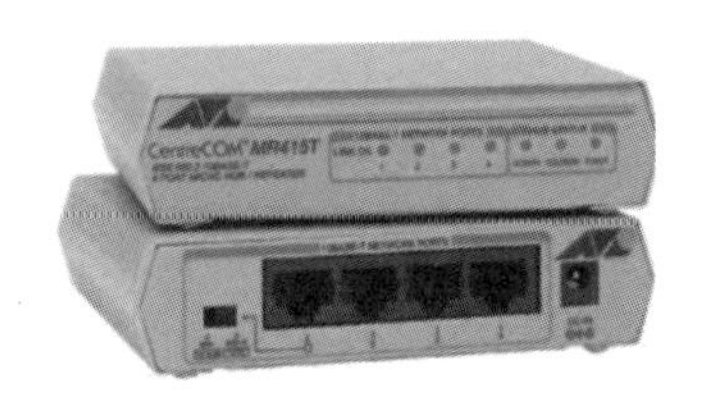

利用する有線ケーブルは、「RJ45規格のツイストペアケーブル」が主流となっています。

有線ケーブルから送られてくる電気信号を、増幅する機能（リピーター）も持っていることから、リピーターハブともいいます。

HUBで構成するネットワークは、最大4台まで並列に接続して、拡張（カスケード）することができますが、接続されたコンピュータの数が、増えていくと通信の衝突（コリジョン）発生頻度が高くなります。

Switch（スイッチ）

HUB 同様に、同一ネットワークを拡張する機器です。HUB との違いは、「006..」します。このため、無駄なトラフィックが無関係なポートに送出されず、「Collision（衝突）」を防ぐことができます。

Switch は、各ポートに搭載されている「ASIC」チップによって高速にフレームを処理することができます。したがって、多くのポートを搭載していても処理性能を維持することができます。

学習した MAC アドレスは、一定期間スイッチのメモリに保持されて、一定期間を過ぎた情報は、一旦破棄後に再度学習を繰り返します。

● WAN

ワイドエリアネットワーク（Wide Area Network）の略称で、通信事業者の提供する専用回線や公衆回線などのサービスを利用して、遠隔地の LAN と接続するネットワークです。

主に 1 つの企業内における、本社と支社などの拠点間を結ぶ、通信技術の 1 つとして利用されています。

WAN で使われるネットワーク機器には、IP ネットワークを接続する必要があるため、IP を扱うことができる、「ルーター」や「L3 スイッチ」があります。

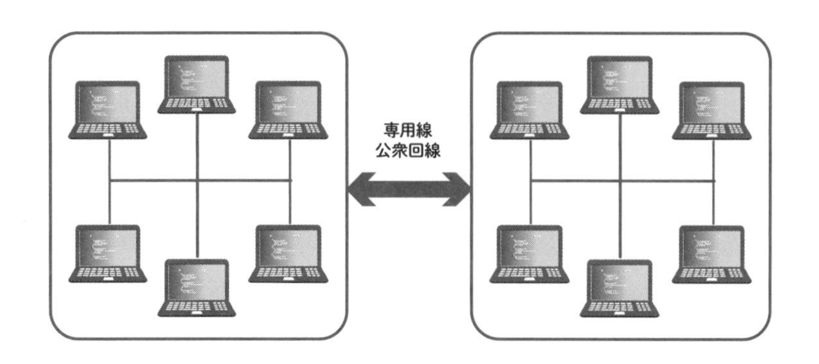

ルーター

ルーターは、「007……」機器です。ルーターにより複数の IP ネットワークを接続することで、異なる IP ネットワーク上にあるホスト同士の通信を可能にします。

ルーターの基本的な動作は、送信元ホストから受信したパケット内に含まれる、宛先 IP アドレスを調べ、ルーターに登録されているルーティングテーブル（経路情報）によって、最適経路を決定します。最適経路が見つかった時、送信経路に従って、宛先ホストの存在する IP ネットワークにパケットを転送します。この動作をルーティングといいます。

L3 Switch（レイヤ 3 スイッチ）

L3 Switch は、スイッチの動作に加えて、IP ネットワークを扱える機器です。ルーターに比べて、サポートするプロトコルの少ないことや接続インターフェースが限定されています。

初期動作はスイッチ（L2）の動作ですが、スイッチング動作とルーティング動作を設定によって切り替えることができます。

複数のレイヤを扱うことができるため、マルチレイヤスイッチといわれることもあります。

01-2 OSI参照モデル

1970年代中頃、様々なメーカーによってネットワークアーキテクチャが発表されると共に、そのアーキテクチャに基づいた機器が発売されるようになりました。しかし、各メーカーのネットワークアーキテクチャは、独自に開発したものが多かったため、異なるネットワークアーキテクチャで、相互接続して通信することは容易ではありませんでした。

そこで、ISO（国際標準化機構）は、ネットワーク構造の基本方針OSI（Open Systems Interconnection）の標準化を1977年より開始しました。

OSI参照モデルとは、異機種間の通信を実現するために、コンピュータの通信機能を階層構造にモデル化したものです。このモデルは、各メーカーが参照すべきガイドラインとして設定されています。各層の標準的な役割を定義することで、ネットワーク通信における複雑なプロセスを、単純化することが可能となりました。通信相手の同じ層とデータを交換する時の約束事を、「008...」といいます。

TCP/IP（Transmission Control Protocol / Internet Protocol）は、現在インターネットで最も広く利用されているプロトコルです。インターネットに接続可能なコンピュータおよびネットワーク機器は、TCP/IPによるデータ通信機能を標準で実装しています。

OSI参照モデルより以前は、TCP/IPモデルを使ったネットワークの実装が行われていました。

ソフトウェアの扱うデータや UI の情報	ソフトウェアの扱うデータや UI の情報
データ転送の表現形式を定義	データ転送の表現形式を定義
データ転送準備、下位レイヤ以下の管理	データ転送準備、下位レイヤ以下の管理
データ送受信の管理、通信の信頼性を提供	データ送受信の管理、通信の信頼性を提供
パケットの送受信	パケットの送受信
隣接接続された機器とのデータ通信	隣接接続された機器とのデータ通信
データを 0 と 1 の電気信号に変換して通信媒体へ送受信	データを 0 と 1 の電気信号に変換して通信媒体へ送受信

TCP/IP の階層モデルは、4 階層から構成されています。各階層は、「009..」、「010....................................」、「011..」、「012..」の 4 つです。

もう 1 つのモデルである、OSI 参照モデルと TCP/IP 階層モデルは、図のように対応しています。

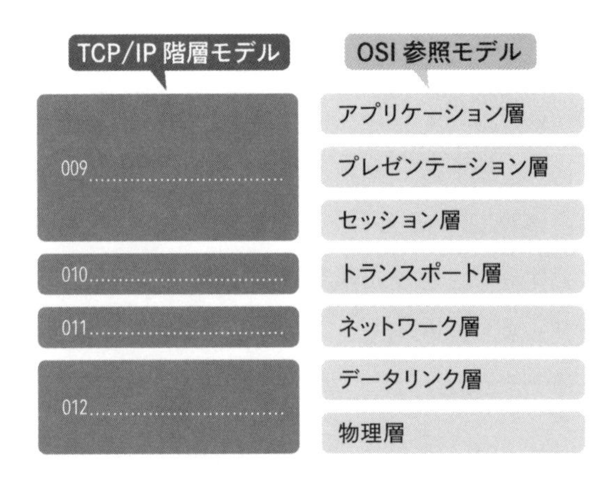

階層化モデルの通信は、各層の処理に必要な情報をデータのヘッダ情報に加えて、通信データに変換していきます。このデータとヘッダによって作られたバイト列をPDU（Protocol Data Unit）といいます。PDUは、階層によって名称が変わっていきます。

OSI参照モデル階層	PDU名称
アプリケーション層	013................................
プレゼンテーション層	
セッション層	
トランスポート層	014................................
ネットワーク層	015................................
データリンク層	016................................
物理層	017................................

01-3 イーサネット

イーサネット（Ethernet）は、企業や家庭のLAN環境において、最も利用されている物理的な有線技術規格の1つで、OSI参照モデルのデータリンク層と物理層に相当するものです。

イーサネットは、1970年代にXerox社で開発されました。その後、Xerox社は特許を解放してオープンな規格とし、Intel社、DEC社を開発に加えて新たな規格を公開しました（3社の頭文字をとってDIX Ethernet、伝送速度は10Mbps）。その後、DIX Ethernetは改訂されて、Ethernet II規格の仕様として、1982年に発表されました。

現在普及しているイーサネットはEthernet IIをベースに、IEEE（Institute of Electrical and Electronic Engineers 米国電気電子技術者

協会）802.3委員会によって標準化されたものです。

●ツイストペアケーブル

イーサネットで利用するツイストペアケーブルは、撚り対線（よりついせん）ともいい、電線を2本対で撚り合わせてノイズの影響を受けにくくしたケーブルのことをいいます。

4対のツイストペアケーブルの先端を、RJ45規格のコネクタで圧着しています。ツイストペアケーブルの中で、ノイズの影響を受けにくいシールドで保護しているものをSTP（Shielded Twisted Pair）、保護されていないケーブルをUTP（Unshielded Twisted Pair）といいます。

また、ケーブルの種類（カテゴリ）によって、伝送速度が決定します。

カテゴリ	主な用途
1	電話線
2	ISDN
3	10Base-T
4	トークンリング、ATM
5	「018......................................」
5e	「019..」
6,6A	「020..」
7,7A	10Gbase-T

また、イーサネットは双方向通信を実現できていますが、さらに「021..」と「022..」の方式に分類することができます。

ケーブルで接続された機器は、お互いが同じ方式で一致していないと、不安定な通信となります。

それぞれの方式の特徴として、全二重通信は送信と受信のケーブルを分けて通信するため、同時に行うことができます。

これに対して、半二重通信は、送信と受信のケーブルを共有して利用するため、送信と受信は同時に行うことができません。したがって、送信と受信は交互に行われます。

●光ファイバーケーブル

光ファイバー心線などを束ねて、屋内外での使用に耐える構造にしたものが、光ファイバーケーブルです。光ファイバーケーブルでは、イーサネットのように電気信号ではなく、半導体レーザーやLED等の光によって通信します。

電気信号を流して通信するメタルケーブルと比べて、「023…………………」が少なく、数十kmから数百kmの長距離を通信することが可能です。

光ファイバーケーブルも、構造や材質によって細かく分類できます。

ネットワーク機器へ接続する時、この分類に併せてケーブルの選定や機器のインターフェースを選定する必要があります。

● CSMA/CD

CSMA/CD（Carrier Sense Multiple Access with Collision Detection）は、イーサネット（半二重通信）で採用されている通信方式の１つです。通信データの「024…………」を検出すると、一定時間待機後に送信データを再送出します。

この方法を使うと、複数のノードが同一のケーブルを共有して通信を行うことができます。

全二重通信の時は、この機能はオフになります。

● CSMA/CA

イーサネット規格ではありませんが、IEEE802.11 規格（無線 LAN）ではCSMA/CA（Carrier Sense Multiple Access / Collision Avoidance）によって通信データの衝突が避けられるようになっています。

● Collision Domain（コリジョンドメイン）

コリジョンドメインとは、各ノードがデータを送信する際に、通信データの衝突（Collision）が発生する可能性のある範囲のことです。

コリジョンドメインの範囲が広いということは、衝突の可能性が高まるため、伝送効率の低下につながります。

ネットワークを拡張するデバイスであるハブは、受信した電気信号を全てのポートから送出するため、2 台のノードが同時にデータを送信した時にコリジョンが発生します。これは、ハブでネットワークを拡張した時、コリジョンドメインの範囲も広がってしまうことを意味しています。

一方で、「025...」は、ポート単位でコリジョンドメインを分割することが可能です。したがって、ハブをスイッチに置き換えた時、コリジョンドメインを分割して、範囲を小さくすることができます。

01-4 代表的なプロトコル

● ARP（Address Resolution Protocol）

ARPは、「026 ....」を取得する、OSI参照モデルの第2層で動作するプロトコルです。第2層で通信を実現するために、通信の宛先IPアドレスを利用しているネットワークデバイスのMACアドレスを取得するため、宛先MACアドレス「FF：FF：FF：FF：FF：FF」に向けてリクエストを送信します。対象のネットワークデバイスが応答すると、リクエストを送信したデバイスは、対象のIPアドレスを持つネットワークデバイスが持つMACアドレスを学習することができます。

MACアドレスの学習を行ったデバイスは、その宛先に向けてフレームを送ることができます。

スイッチは、このARPのリクエストをもとに接続されているデバイスのMACアドレスを学習します。

● IP（Internet Protocol）

IP（Internet Protocol）は、相互に接続された複数のネットワークにおいて、通信相手を識別し情報を伝達するOSI参照モデルの第3層のプロトコルです。ネットワークインターフェースに設定された、「027 ....」をもとに通信相手を識別します。

IPは、通信を始める前の事前処理や通信中の状態確認を行わない「028 ....」のネットワーク層のプロトコルです。パケットの転送はベストエフォート方式を提供し、パケット到達の保障はしません。

現在は、IPv4とIPv6の2つのバージョンを併用して実装しています。

IPv4は、次の図のようなヘッダ情報を通信データとして用意します。このヘッダ情報が、IPを利用するネットワークデバイスで参照されて、宛先のIPアドレスを持つデバイスへ到達します。

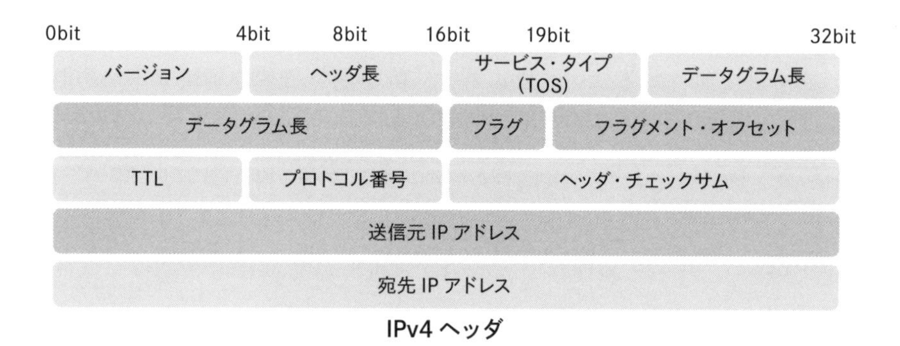

IPv4ヘッダ

IPv6は、IPv4の問題（特にアドレス数の枯渇）のため、アドレス範囲を128ビットとした非常に大きな範囲を扱うことができる特徴を持っています。このほか、IPv4でオプション扱いになっていた項目が標準実装されています。

● ICMP（Internet Control Message Protocol）

ICMPは、OSI参照モデルの第3層のプロトコルですが、IPの上位プロトコルとして、IPパケットのデータ部分にメッセージ（ICMPヘッダ）が含まれています。ICMPは、IPパケットの配送中に何らかの異常によりパケットが配送できなかった時に、送信元に異常を知らせます。

通知の種類は、複数のRFC（Request for Comments）を通して標準化されており、ICMPヘッダ内の「タイプ」と「コード」で決定されています。

0bit 4bit 16bit 32bit

タイプ	コード	チェックサム

ICMP ヘッダ

ICMP を使うネットワークの診断を行うプログラムに、ネットワークの疎通を確認する「029.........」や、目的のネットワークデバイスへ到達するための経路を確認する、「030.....................」コマンドがあります。

● TCP（Transmission Control Protocol）

TCP は、「031.....................................」を提供します。信頼性とは、送信されたデータが、データの破損や重複がない完全な状態で、宛先のホストへ正しく届くことを意味しています。

TCP は、「032................................」のプロトコルで、送信元と宛先との間に仮想回線に当たる接続を確立した後、データの送受信を行います。宛先には IP アドレスを利用するため、TCP/IP 通信と呼ばれています。また、コネクション確立の際に行われる動作を、「033...」といいます。

TCP/IP の通信には、IP ヘッダの後ろに TCP ヘッダが付加されます。

TCP ヘッダ

TCP ヘッダ内に含まれる、コントロールフラグのフィールドには、9ビットが用意されています。1ビットずつに役割が割り当てられています。

フラグビット	コードビット名	説明
1	034.......	コネクション終了要求
2	035........	コネクション開設要求
3	036........	コネクションの強制終了
4	037........	受信したデータをアプリケーションに渡す
5	038........	確認応答番号のフィールドを有効にする
6	039.........	緊急に処理すべきデータが含まれている

● UDP（User Datagram Protocol）

UDP は、「040...」のプロトコルです。通信相手とのコネクションの確立、維持、終了の手続きをしないため、信頼性のある通信は提供しない分、TCP 通信に比べ処理が高速になります。また、TCP 同様に IP を併用して利用します。

動画や音声ストリーミングなど、リアルタイム性を優先しつつ、多少の画面のちらつきやノイズが許容できる通信に用いられます。

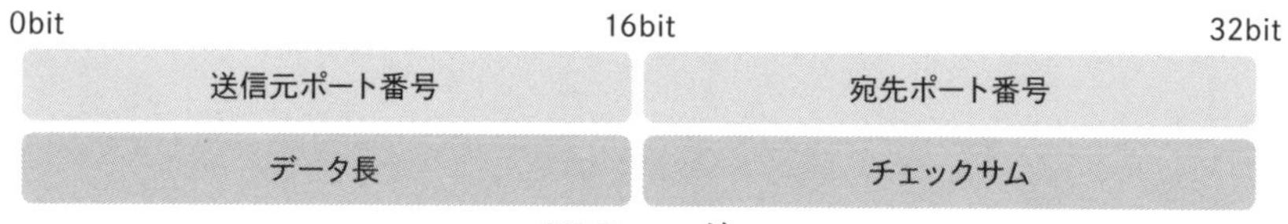

UDP ヘッダ

●ポート番号

コンピュータは、複数のプログラムを動作させることができます。IPだけでは、複数のプログラムによる通信の識別が困難であるため、同時に複数の通信を実現するために、ポート番号を使います。ポート番号は、同一コンピュータ内のトランスポート層で通信を行っているプログラムを識別するための番号です。

トランスポート層のプロトコルであるTCPとUDPは、ポート番号を使って通信しているアプリケーションプログラムを識別し、該当のアプリケーションに正しくデータを渡すように処理します。この動作によって、ウェブの通信と電子メール等の異なるソフトウェアの通信を同時に行うことができます。

代表的なプロトコル	利用するポート番号
041………	22/tcp
042…………	23/tcp
043…………	25/tcp
044…………	80/tcp
045…………	143/tcp
046…………	161/udp
047…………	443/tcp

02
IPアドレス

IPアドレスは、IP（Internet Protocol）ネットワークで「048..」です。OSI参照モデルでは、ネットワーク層に位置していて、IPアドレスのバージョンとして4と6の2つが併用されて利用されています。

アドレスの表記方法は、バージョンによって異なりますが、数値は2進数、10進数、16進数を使って表記します。

IPバージョン	範囲	主な表記進数	区切り文字	区切り内のビット数
4	32bit	10進数	.（ドット）	8bit (octet)
6	128bit	16進数	:（コロン）	16bit (hextet)

10進数	2進数	16進数
0	0	0
1	1	1
2	10	2
3	11	3
4	100	4
5	101	5
6	110	6
7	111	7
8	1000	8
9	1001	9
10	1010	a
11	1011	b
12	1100	c
13	1101	d
14	1110	e
15	1111	f
16	10000	10

進数は、数値を表現する方法ですが、指定された進数で桁が増えます。2進数、10進数、16進数間の相互変換は、次の表を参考にしてください。

02-1 IPv4

IPv4 は、IP バージョン 4 の IP アドレスです。32 ビットのアドレス範囲を、8 ビット単位で区切って表現します。IPv4 アドレスには、利用するアドレス（使う数値）によって、アドレスクラスが割り当てられています。この方式を「049........................」といいます。

割り当てられた 5 つのアドレスクラスは、利用するアドレスクラスによって、「050..」と「051......................................」に利用できるビット位置が決まっています。また、アドレスクラスの内、2 つのクラス（D と E）は、利用目的が決まった特殊なものになっています。

アドレスクラス	ネットワーク範囲	ホスト範囲	用途 / 備考
A	8bit	24bit	上位 1 ビットが 0
B	16bit	16bit	上位 2 ビットが 10
C	24bit	8bit	上位 3 ビットが 110
D	32bit	—	マルチキャスト用
E	—	—	実験用

●グローバルアドレスとプライベートアドレス

IP アドレスは、IP ネットワーク上でネットワークデバイスを一意に識別する必要があるので、ネットワーク内で重複することは許されません。

インターネットので IP アドレスの割り当て管理は、ICANN を頂点として各国の NIC（Network Information Center）で行っています（日本では JPNIC が管理しています）。

NIC によって割り当てられたアドレスをグローバル IP アドレス（以降、グローバルアドレスといいます）といい、ユーザーが自由に使うことができるアドレスをプライベートIPアドレス（以降、プライベートアドレスといいます）といいます。

プライベートアドレスは、「052 .... で利用することが許されていますが、「053 ....」では利用することができません。これは、インターネット上にある通信機器がプライベートアドレスのデータを必ず破棄するようにしているからです。

したがって、プライベートアドレスのネットワークとグローバルアドレスのネットワークを接続する時は、「054 ....」という技術が利用されています。

プライベートアドレスは、クラスA～Cの中で次の通り定義されています。

アドレスクラス	プライベートアドレスの範囲	プレフィックス表記
A	055	056 ....
B	057	058 ....
C	059	060 ....

● IPv4の表記方法

コンピュータ上でIPアドレスは、32ビットの2進数で表現します。しかし、2進数の表現は人にとって理解し難いので、10進数で表現できるようにしています。

表記方法は、32ビットのビット列を8ビットずつ「.（ドット）」で区切り、4つに分割したものを10進数で表現します。

ドットで区切られた8ビットは、「オクテット」といい、左側から第1オクテット、第2オクテット、第3オクテット、第4オクテットと定義されています。

　また、各アドレスクラスで利用できるホスト範囲の開始および終了アドレスは、ネットワークアドレス及びブロードキャストアドレスとして定義されているため、ネットワークデバイスのホストアドレスとして割り当てることはできません。

　ネットワークアドレスは、ネットワーク全体を表すために使用し、経路情報として利用します。

　ブロードキャストアドレスは、利用するアドレス内のネットワークで、全体への一斉送信に利用します。

●クラスレス

　クラスフル方式のアドレス割り当てに代わって考案された、「061........................」方式があります。クラスフル方式よりも、ネットワークの大きさを柔軟に指定することができるため、利用されないアドレスの範囲を少なくすることが可能になっています。

　クラスレス方式は、ホストに割り当てられるビット数は可変です。この可変の範囲は、ネットワーク範囲を表すビット数と、ホスト範囲を表すビット数を表すために、IP アドレスと同じ 32 ビットを使った「062..」を利用して設定します。

「063....................................」を 2 進数化した時に、1 で表されている桁の IP アドレスのビット位置は、ネットワークを表すビット列になります。0

で表されている桁のIPアドレスのビット位置は、ホスト範囲を表すビット列になります。

このように、サブネットマスクは上位ビットから、連続した 1 と連続した 0 で構成されています。1 の連続した総数をスラッシュ「/」の後ろに表記して、ネットワークを表現する方式をプレフィックス表記といいます。

クラスフル方式のアドレスにサブネットマスクを設定した時、次の表のように考えることができます。

アドレスクラス	サブネットマスク	プレフィックス表記
A	11111111000000000000000000000000	/8
B	11111111111111110000000000000000	/16
C	11111111111111111111111100000000	/24

「172.50.10.100」というアドレスは、クラスフル方式で考えるとクラス B に該当しますが、サブネットマスクを「255.255.255.0」とすると、「172.16.10」までの第 1 オクテットから第 3 オクテットまでが、ネットワークで利用するビットになり、第 4 オクテットがホスト範囲を表すビットになります。

255.255.255.0
11111111 11111111 11111111 0000000
サブネットマスク

従来のクラス B として扱った時は、65536 アドレスを使うことができるネットワークですが、分割したアドレス範囲では、「172. 50. 10.1

~ 172.50.10.255」までの 256 アドレスで、ネットワークを構成することができます。また、それ以外のアドレス範囲は、別目的として使用することができます。

● VLSM（Variable Length Subnet Mask）

サブネットマスクを可変長として、ホストに割り当てるビットを使ってネットワークを分割する方法です。

ネットワークを分割することによって、本来のアドレスクラスで余ってしまう IP アドレスを、別のネットワークとして用意することで、ホストに割り当てるアドレス数を効率的に使用することができます。

アドレスクラス C の範囲

network bit
host bit
24bit
8bit
32bit

VLSM を使うと

クラス C のアドレスは、8bit 分の 254 台のホストを収容できるネットワークとなる。
このネトワークに 80 台のコンピューターを設置する場合、174 の IP が使われない状態になる。

network bit
host bit
network bit
host bit
25bit
7bit
32bit

7bit 分のホストを収容することができるようにするとネットワークは 2 つに分割できる。この場合、使われない IP は 46 となり、別のネットワークで 126 の IP が有効活用できる。

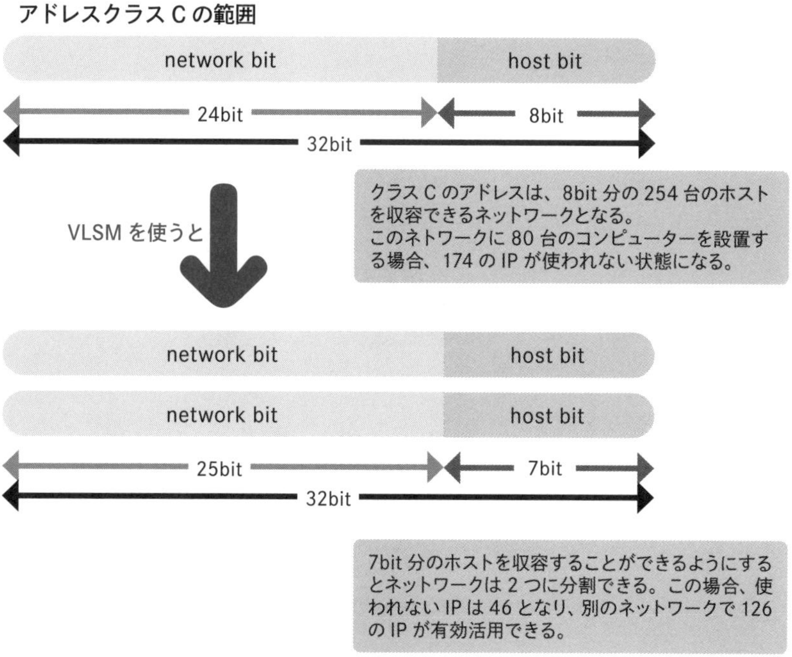

● CIDR（Classless Inter-Domain Routing）

複数のネットワークを、1つのネットワークとして扱うことで、管理を単純化する方法です。サブネットマスクの調整によって、個々のネットワークに割り当てるビット範囲を変更して、ネットワークを1つにまとめることができます。主に経路情報の集約に利用され、複数の宛先をまとめて扱うことができます。

まとめるネットワークは、連続している必要があります。図のように、「192. 168.0.0 /24~192.168.3.0/24」は、「192. 168. 0. 0/22」のように1つにまとめることができます。ただし、「192 168. 1.0 /24~192.168.4.0 /24」のような4つのネットワークは、「192. 168. 2.0 /24~192.168.3.0/24」を「192.168.2.0/ 23」にまとめるだけで、他のネットワークはそのまま扱います。

4つの連続したネットワーク

192.168.0.0 255.255.255.0	11000000 10101000 00000000 00000000 11111111 11111111 11111111 11000000
192.168.1.0 255.255.255.0	11000000 10101000 00000001 00000000 11111111 11111111 11111111 11000000
192.168.2.0 255.255.255.0	11000000 10101000 00000010 00000000 11111111 11111111 11111111 11000000
192.168.3.0 255.255.255.0	11000000 10101000 00000011 00000000 11111111 11111111 11111111 11000000

ネットワークとして異なるbit列部分→

4つのネットワークは、22bit目まで共通のbit列なので、サブネットマスクを変更すると、アドレスの集約ができ、192.168.0.0/22の1つのネットワークとして表すことができる

192.168.0.0 255.255.255.252	11000000 10101000 00000000 00000000 11111111 11111111 11111100 11000000

ルーターのように経路を扱う装置は、メモリ上に経路情報を登録します。細かいネットワーク情報が多数あるよりも、まとまったネットワーク情報を保持する方がリソースの使用が少なく済みます。

03
Cisco 機器の操作

シスコシステムズ（Cisco Systems, Inc.）は、アメリカに本社を置くネットワーク機器の開発、販売会社です。2015 年においても、国内、世界シェア約 50% を持っています。〔※1〕

多くの Cisco 機器は、基本ソフトウェアとして「064........................」を搭載しています。Cisco 機器の設定の基本は、コンピュータと Cisco 機器を、コンソールケーブルで接続して、IOS にアクセスします。

Cisco の製品には、専用のコンソールケーブル（ロールオーバケーブル）を、コンピュータの COM ポート（COM ポートを持たない時は、USB からシリアル変換が必要）から、コンソールケーブルを Cisco 機器のコンソールポートに接続します。

また、IOS を操作するには、シリアル通信ができるターミナルソフトウェアが必要です。

ターミナルソフトウェアを使った IOS の操作には、いくつかのモードが用意されています。モードは、Cisco 機器の操作を受け入れるための状態を示すもので、ターミナルソフトウェア上では「065........................」で表されます。

ユーザーが指示操作（設定情報の閲覧や設定変更など）をする時に、適切なモードでない時は、正しく動作しません。用意されているモードは、大きく次の 3 つです。

「ユーザー EXEC モード」は、機器の設定変更をする操作は行えず、ステータスの確認など通信へ影響が出にくい操作が行えます。

Cisco IOS のモード	対応するプロンプト
066......................................	067......
068.................................	069.......
070...	071.................

「特権 EXEC モード」は、ユーザー EXEC モードの操作の他に、「072..」などが行えるシステムへ影響する操作も行えます。

「グローバルコンフィグレーションモード」は、現在稼動している設定の変更（リアルタイム変更）ができます。また、インターフェースの設定や機能のカテゴリによっては、設定階層を下げて行う時もあります（特定のコンフィグレーションモード、コンフィグレーションサブモード、コンフィグレーションサブサブモード）。

Cisco IOS は、「コンフィグレーションモード」での設定内容を即反映して動作させます。そのため設定ミスや誤操作をしてしまうと、即座に影響が発生するため、操作には最新の注意が必要です。

〔※ 1〕出典 : 総務省ホームページ (https://www.soumu.go.jp/main_content/000474281.pdf)

各モードの移行は、次の図のようになっています。

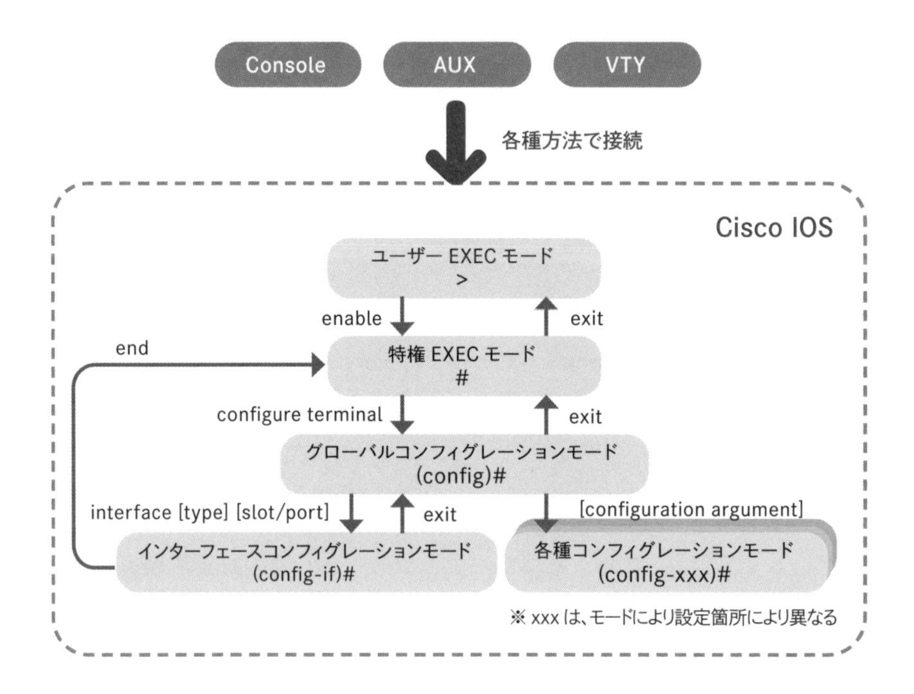

Cisco IOS のコマンドラインインターフェースは、コマンド文字列をフルスペル入力する必要はなく、省略した形で入力することができます。ただし、省略した状態の文字列に複数のコマンド候補が存在する時は、Cisco IOS がそのコマンドを特定することができないのでエラーになります。また、入力文字に続いて [Tab] キーを押すと、入力文字列に続くコマンドが補完されるようになっています。

後続に続くコマンドやオプションがわからない時は、スペースを空けて、[?] キーを押すと、入力可能なコマンドリストや入力できる項目の簡単な説明を得ることができます。

機器全体に関する設定は、グローバルコンフィグレーションモードで行います。ホスト名や特権EXEC用パスワードなどは、このモードで行います。

```
Router> enable
Router# configure terminal
Enter configuration commands,one per line. End with CNTL/Z.
Router(config)# hostname ?
WORD This system's network name
Router(config)# hostname CenterR
Router(config)# enable secret qwer123!
CenterR(config)# exit
```

ルーターやスイッチの物理インターフェースに対する設定は、インターフェースコンフィグレーションモードで行います。インターフェースコンフィグレーションモードに移るには、グローバルコンフィグレーションモードから、設定対象のネットワークインターフェースを指定します。正しく指定ができている時のプロンプトは「073........................」のようになり、グローバルコンフィグレーションモードとは違うプロンプトになります。

Cisco機器のネットワークインターフェースは、機種に依存する部分もありますが、インターフェースの種類（FastEthernetやGigabitEthernetなど）とポート番号を合わせた形で指定します。機種によっては、シャーシ番号やスロット番号を合わせて指定する時もあります。

```
CenterR# configure terminal
CenterR(config)# interface ethernet0
CenterR(config-if)# ip address 172.16.0.1 255.255.0.0
CenterR(config-if)# no shutdown
CenterR(config-if)# exit
CenterR(config)# interface ethernet1
CenterR(config-if)# ip address 192.168.0.1 255.255.255.0
CenterR(config-if)# no shutdown
CenterR(config-if)# end
```

グローバルコンフィグレーションモードで、「line " ライン名 "」を入力することで、コンソールポートや Telnet･SSH 接続ポート（仮想ポート）へ接続する時に、認証要求させるためのアクセス制御の設定など、必要不可欠な設定が行えます。

コンソール接続および Telnet 接続用の認証パスワードを設定する例は、次の通りです。

```
CenterR# configure terminal
CenterR(config)# line console 0
CenterR(config-line)# password password
CenterR(config-line)# login
CenterR(config-line)# exit
CenterR(config)# line vty 0 4
CenterR(config-line)# password password
CenterR(config-line)# login
CenterR(config-line)# end
```

03-1 Cisco IOS の設定ファイル

各種コンフィグレーションモードで設定した内容は、メモリ（RAM）

上で動作している設定として「074............................」に即反映されていきます。稼働中の設定情報を確認するには、「特権 EXEC モード」で、「075..」コマンドを実行します。

稼働中のコンフィグレーションは、メモリに記憶されている情報のため、機器の電源を切断すると共に消えてなくなります。Cisco IOS は、指定がない限り NVRAM に記録されている「076............................」ファイルをロードします。設定を行ったコンフィグレーションを、次の起動にも利用する時はファイルに保存しておく必要があります。

```
CenterR# copy running-config startup-config
```

03-2 Cisco 機器の構成

Cisco 機器の外部構成は、プラットフォーム（機器の種類であるルーターやスイッチとそれに付随する型番）によって、構成しているインターフェースは変わりますが、内部の構成は基本的に共通です。記憶領域も用途によって使い分けられています。

記憶領域	対応するプロンプト
077.........	POST、ブートストラップ、ROM モニタ、Mini IOS を保存
078.....................	IOS を保存
079..............	startup-config、レジスタなどを保存
080.........	running-config、ルーティングテーブル、キャッシュ、動作中 IOS を保存

RAM に記憶されている情報は、システムの電源が切断されると消えてなくなります。

したがって、設定を反映した内容は、別の領域に保存しておかないと、次の起動では設定前の状態で起動することになります。

RAMにある設定を保存するには、「copy」コマンドを使って保存します。

```
CenterR# 081.............................................................
```

NVRAMに保存されている設定を初期化する時は、既存の「startup-config」を消去します。

```
CenterR# 082.............................................
```

03-3 ルーティング

大きな1つのネットワークの中で、多くのホストを管理すると、アクセス制御やトラフィックの制御など管理が大変です。

これを解決するために、ネットワークを分割すると管理対象の範囲を狭くして、「083..」を小さくします。ブロードキャストドメインは、ブロードキャストが到達する範囲のネットワークのことで、ネットワークを論理的に分割した結果、ブロードキャストドメイン間の通信データが流入、流出しないようする仕組みです。

ブロードキャストドメインの間を通信（異なるネットワーク間の通信）するためには、目的のブロードキャストドメインに通信データを転送する必要があります。この役割を持つネットワークデバイスに、「084..................」や「085.........................」があります。

ルーティングは、個々のルーターが目的のブロードキャストドメインに対して転送する宛先の情報（IPネットワークでは、IPアドレス）に従って、通信データを転送する動作のことを指します。

●スタティックルート

管理者が手動で経路情報（スタティック、静的経路）を設定する方法で、経路情報を登録されたルーターは、この経路情報を参照してデータ転送を行います。このスタティックルート（静的経路）を参照して、データの転送を行う方式をスタティックルーティングといいます。Cisco IOSでは、グローバルコンフィグレーションで「ip route」に続けて「086..............................」を指定します。

経路情報の最終手段である「087..............................」(Last Resort) は、スタティックルートの１つです。

スタティックルートの利点は、ルーターへの負担（メモリリソースの利用率）が少ないことと、経路情報の学習においてネットワーク帯域を消費しないことです（ダイナミックルートは、ネットワークを利用してルーター間で自動的に経路情報を交換するため、時には大きな帯域を消費します）。

欠点としては、経路情報の設定や変更をする管理者が、その都度作業をする必要があることや、ネットワークの規模よっては、管理が行き届かなくなる可能性をもつことです。

また、障害発生時の経路切り替えにも手動の操作を必要とする時があり、保守性に欠けるところがあります。

```
CenterR# configure terminal
CenterR(config)# ip route 192.168.100.0 255.255.255.0
192.168.0.254
```

ネットワークでのデータ転送は、「088..............................」でしか行えません。

インターフェースに設定しているネットワーク以外に転送しようとする経路情報を登録しても、そのルーターの経路情報（ルーティングテーブル）として反映されないことは意識してください。

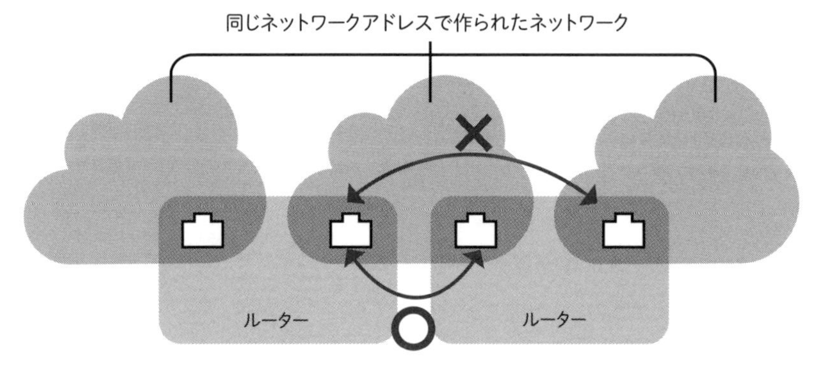

※転送先の指定は、同じネットワークアドレス内でしか行えない

●デフォルトルート

ルーターがもつ「089...」を、デフォルトルートといいます。これは、全ての宛先経路を対象としたスタティックルートの１つであり、「Last Resort」（経路情報の最終手段）とも表現されます。

同時に、個々のネットワークに対する経路情報をルーターに登録している時は、こちらが優先されます。この優先順位の決定を、「090...」といいます。

ルーターは、転送に必要な宛先 IP アドレスの情報とルーターがもつ経路情報を照合して、一致するエントリが存在しないと転送処理ができないため、通信データを破棄します。

デフォルトルートを設定していると、通信データは破棄されず、デフォルトルートに従って中継することになります。

デフォルトルートの主な利用例として

●経路の集約

●インターネット（ISP）へ経路を向ける

などがあります。

●経路情報の確認

ルーターに登録した経路情報（ルーティング情報）は、「show ip route」コマンドで確認することができます。

経路を設定しても、転送ができない宛先に対する経路は、設定上は登録されていますが、経路情報には反映されません。

```
CenterR>sh ip route
Codes: C - connected, S - static, I - IGRP, R - RIP, M - mobile,
B - BGP
D - EIGRP, EX - EIGRP external, O - OSPF, IA - OSPF inter area
N1 - OSPF NSSA external type 1, N2 - OSPF NSSA external type 2
E1 - OSPF external type 1, E2 - OSPF external type 2, E - EGP
i - IS-IS, L1 - IS-IS level-1, L2 - IS-IS level-2, * - candidate
default
U - per-user static route, o - ODR
Gateway of last resort is not set
R 192.168.3.0 [120/1] via 192.168.2.200, 02:25:50, Ethernet1
C 192.168.1.0 is directly connected, Ethernet0
C 192.168.2.0 is directly connected, Ethernet1
```

●ダイナミックルーティング

ルーターにルーティングプロトコルを稼動させて、ルーター間で自動的に経路情報の交換や更新を行わせる方法です。利点は、初期設定を実施するのみという管理者の作業負担が軽いことと、障害発生時の経路情報は、自動的に行われることで、通信断の時間を少なくするなどの柔軟なルーティングできる点です。

欠点はルーターへの負荷（メモリリソース利用率）が多いことと、経路情報交換のためにネットワーク帯域を消費することです（経路情報が多くなると、情報の処理や登録に対する負荷は高くなり、情報交換に使うルーティングプロトコルの交換頻度も高くなるため、ネットワーク帯域の消費が大きくなります）。

ダイナミックルーティングプロトコルは、複数の種類や特徴があるため、利用するネットワークの規模とダイナミックルーティングプロトコルの特徴や設定方法を理解して利用する必要があります。

03-4 装置監視

SNMP（Simple Network Management Protocol）は、UDP/IP ベースのネットワーク管理・監視に利用するプロトコルです。ルーターやスイッチに限らず、サーバ機器の状態やリソース、統計情報などを取得する事ができます。

SNMP は、装置内に登録されている各種情報 MIB（Management Information Base）ツリー構造を使って、SNMP エージェントが SNMP マネージャのポーリング（コマンドの定期要求）に応答することで、装置の監視や制御を行うプロトコルです。

この他に、インターフェース障害や回線障害などを「091……………………………………………………………………」トラップ（Trap）によって装置の管理・監視が行える仕組みを構成できます。

現在の SNMP には 3 つのバージョンが定義されていて、主な特徴は表に示す通りです。

SNMP バージョン	対応コマンド・特徴	認証方式
v1	Get	コミュニティ名
	GetNext	
	Set	
	GetResponse	
	Trap	
v2c	GetBulk	コミュニティ名
	INFORM request	
v3	メッセージの暗号化	ユーザー認証

03-5 スイッチング

スイッチは、OSI 参照モデルの「092.................................」で動作する各ポートに搭載されたチップによって、「093.................................」するネットワーク機器です。ブリッジは、スイッチと同じデータリンク層で動作し、フレーム転送をソフトウェア処理する機器です。

スイッチには、L2 スイッチや L3 スイッチ（マルチレイヤスイッチ）といった、動作するレイヤに違いがあるものがあります。L2 スイッチは、ハブとは違い、ポートに接続されているデバイスの持つ MAC アドレスを学習することができるため、宛先の MAC アドレスによって、適切なポートへフレームを中継することができます。

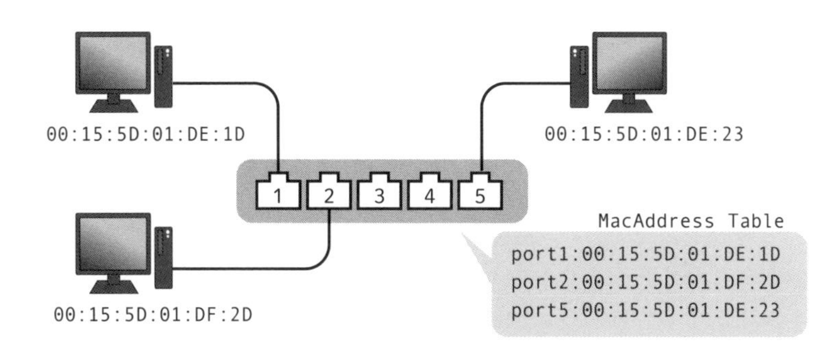

● VLAN

「VLAN（Virtual LAN）」とは、ルーターによって区切られるネットワークと同じ「094…………………………」の分割を行うことができるスイッチの機能です。物理的な構成ではなく、「095…………………………」を作成することができます。

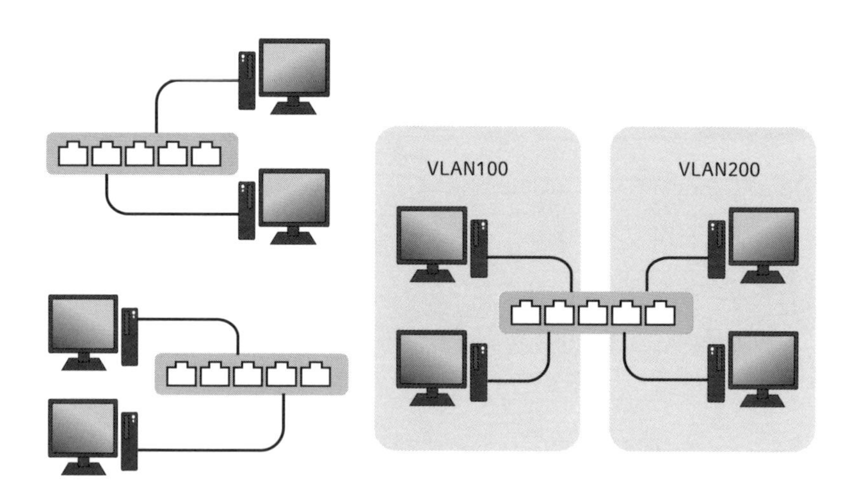

物理的に分割されたネットワーク

論理的に分割されたネットワーク

VLANのメリット

◉ブロードキャストドメインの分割による帯域幅の消費抑制

　ブロードキャストを利用する通信は意外に多く、そのフレームはネットワーク上の全てのデバイスに行き渡ります。その範囲が大きければ大きいほど、ネットワークのパフォーマンス及びコンピュータに影響がかかります。したがって、「VLAN」を使用することにより、ブロードキャストドメインを分割して範囲を小さくすることで、負荷を抑えネットワークパフォーマンスを向上させることができます。

◉ネットワークの分割によるセキュリティ向上

組織内の部署（グループ）ごとに、「VLAN」を構成すると、グループ外に通信データが流れることがなくなります。これにより、各グループ内の情報が他のグループに広がるのを防ぐことができるので、セキュリティ向上に役立ちます。

◉柔軟なネットワークの構成

ブロードキャストドメインを分割する役割は、通常、ルーターが行います。しかし、ルーターの持つポート数は1～4つ程度と少ないため、LAN内でブロードキャストドメインを分割するには、物理的な制限があります。この点、スイッチのポート密度（数）は高いので、多くのブロードキャストドメインを分割することができるので、コストパフォーマンスも向上します。

管理VLAN

初期状態のスイッチでもVLANは使われており、全てのポートは「096..................」に所属しています。そのため、各ポートは同一VLAN扱いとなり、設定などを行う必要なく各ポート間で通信することができます。

VLAN 1は、スイッチ自体にIPアドレスを設定して、管理や監視に必要な「097..................」「098..........」「099..............」などの通信を可能にするための仮想インターフェースとして、アクセスできる役割があります。

こういった意味からVLAN1は、「100........................」といわれています。管理VLANは、VLAN1以外の別のVLAN番号に変更することができます。管理VLANを変更する時は、スイッチに別の仮想インターフェースを作り、IPアドレスを設定する必要があります。ただし、スイッチ（L3スイッチを除く）は、同時に仮想インターフェースを複数利用することと、VLAN1 自体を削除することはできません。また、別ネットワークからのアクセスを可能にするには、ゲートウェイの設定が必要です。

```
Switch(config)#interface vlan 1
Switch(config-if)# ip address 192.168.1.1 255.255.255.0
Switch(config-if)# no shutdown
Switch(config-if)# exit
Switch(config)# ip default-gateway 192.168.1.254
```

VLAN の作成範囲

Cisco Catalyst® スイッチは、プラットフォームとソフトウェアバージョンによって異なりますが､最大で 4094 個の VLAN をサポートしています。次の表は､Cisco Catalyst スイッチの VLAN 用途の区分を示したものです。

VLAN の範囲	主な用途	概要
0,4095	予約済み	システム専用で表示・使用不可
1	標準	初期 VLAN 削除はできない
2-1001	標準	イーサネット用の VLAN 管理者によって、作成、削除ができる
1002-1005	標準	FDDI やトークンリング用 VLAN 削除はできない
1006-4094	拡張	イーサネット用の VLAN

●スイッチのポート種別

Cisco Catalyst スイッチは､ポートに対して動作するモードを設定することができます｡L2 スイッチと L3 スイッチによっても設定可能な動作モードが異なるので注意してください。

ポートの種類	対象スイッチ	概要
アクセスポート	L2/L3	システム専用で表示・使用不可
トランクポート	L2/L3	複数のVLAN通信を送受信するポート
SVI〔※2〕	L2/L3	仮想インターフェース L2では管理用として利用し、L3では管理以外に、ルーティングに利用できる
ルーテッドポート	L3	ルーターのインターフェースと同様に扱う

〔※2〕Switched Virtual Interfaceの略

アクセスポート

1つのVLANに所属しており、そのVLANのフレームを送受信できるポートのことをいいます。アクセスポートには、「101..」が接続されています。

```
Switch# vlan database
Switch(config-vlan)# vlan 101
Switch(config-vlan)# exit
Switch#configure terminal
Switch(config)# interface fastethernet 0/2
Switch(config-if)# switchport mode access
Switch(config-if)# switchport access vlan 101
Switch(config-if)# end
```

トランクポート

VLANには所属しませんが、別のスイッチにVLAN情報を中継できるポートです。

1つのポートで複数のVLANのフレームを送受信するということは、ポート内に異なるVLANネットワークのフレームが混ざってしまうので、VLAN情報を正しく識別できなければいけません。

VLAN情報は、他のスイッチにトランキングプロトコルを使用して伝達します。トランクポートを通過するフレームに、VLAN情報を追加することで、受信側のスイッチでもフレームの VLAN 情報を正確に識別できる仕組みになっています。

トランキングプロトコル	概要
102......................	IEEE 委員会によって策定されたトランキングプロトコル メーカーが異なるスイッチで VLAN 情報を共有可能
103......	Cisco 独自のトランキングプロトコル

トランキングプロトコルを動作させるには、トランクポートの設定が必要です。

```
Switch(config)# interface fastethernet 0/3
Switch(config-if)# switchport trunk encapsulation dot1q
Switch(config-if)# switchport mode trunk
Switch(config-if)# switchport trunk allowed vlan101,201
Switch(config-if)# end
```

● VLAN 間通信

異なる VLAN の間で通信を行うには、レイヤ 3 の IP 情報を使った通信が必要になります。

VLAN 間ルーティングの実装方法には、「104...」と、「105...」の 2 種類があります。

ルーターを用いた VLAN 間ルーティング

ルーターを用いた VLAN 間ルーティングは、スイッチとルーターの間で、スイッチ側ポートを「106..............................」として接続し、ルーター側の物理ポートに「107..」を設定して、接続を行います。

物理インターフェースには、リンクアップをさせるための「108...........................」コマンドのみ適用しておきます。

サブインターフェースには、IP アドレスを設定することができるので、個々の VLAN ゲートウェイとして設定を行います。したがって、異なる VLAN 間で、通信させたい VLAN の数だけ、サブインターフェースを用意する必要があります。また、サブインターフェースには、VLAN 情報がタグ付けされたフレームの入出力が行われるため、対応するカプセル化方式と VLAN 番号を設定する必要があります。

```
CenterR(config)# interface fastethernet 0/0
CenterR(config-if)# no shutdown
CenterR(config-if)# exit
CenterR(config)# interface fastethernet 0.100
CenterR(config-subif)# ip address 192.168.100.254 255.255.255.0
CenterR(config-subif)# encapsulation dot1Q 100
CenterR(config-subif)# exit
CenterR(config)# interface fastethernet 0/0.200
CenterR(config-subif)# ip address 192.168.200.254 255.255.255.0
CenterR(config-subif)# encapsulation dot1Q 200
```

スイッチとルーター間の通信データには、VLAN の情報を伝えるトランキングされた状態（カプセル化）のフレームが流れます。

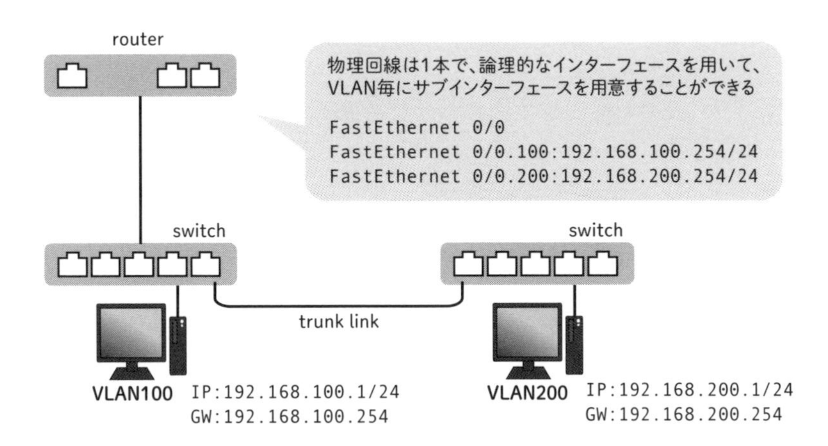

VLAN番号が違うため、スイッチだけでは通らない通信も、
ルーターを使うと異なるVLAN間でも通信ができる。

L3スイッチを用いたVLAN間ルーティング

L3スイッチを用いたVLAN間ルーティングは、スイッチ内に仮想的なVLANインターフェース（SVI）を設定することで実装することができます。

スイッチのポートをアクセスポートに設定すると、そのポートからの通信は､対応したVLAN番号のSVIにアクセスすることができます。また､SVIにはIPアドレスを設定することができるため､接続している端末のゲートウェイとして設定することができます。

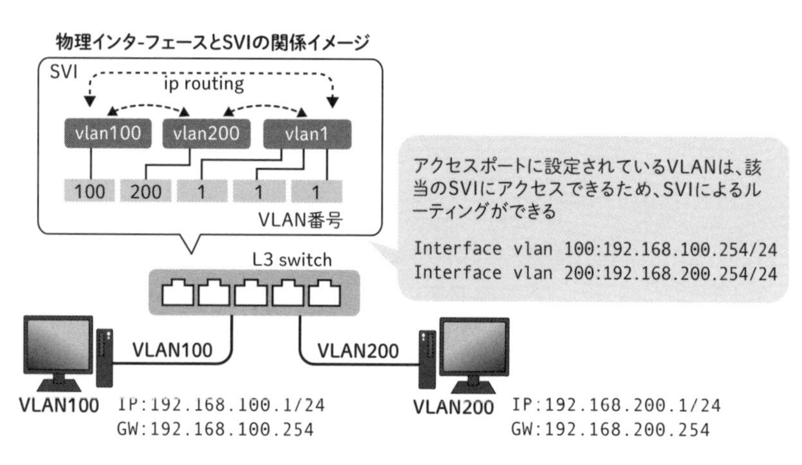

VLAN番号に対応したVLANインターフェース(SVI)にアクセスできる
ルーティング機能が有効になっているとSVI間でルーティングができる

L3スイッチの初期設定は、「109..........」になっているため、「110..........」を利用するには、「111..........」設定を行い、ルーティングの機能を有効にする必要があります。

ルーティングの機能が有効になっている時、設定しているSVI間でルーティング（内部ルーターによるルーティング）することができるので、VLAN間で通信が実現できます。

このことより、ルーターを用いた構成に比べて、物理的な構成はシンプルな構成になります。

```
Switch(config)# ip routing
Switch(config)# interface FastEthernet0/1
Switch(config-if)# switchport access vlan 100
Switch(config-if)# exit
Switch(config)# interface FastEthernet 0/2
Switch(config-if)# switchport access vlan 200
Switch(config-if)# exit
Switch(config)# interface vlan 100
Switch(config-if)# ip address 192.168.100.254 255.255.255.0
Switch(config-if)# exit
Switch(config)# interface vlan 200
Switch(config-if)# ip address 192.168.200.254 255.255.255.0
```

●スパニングツリー

近年のネットワークは、ネットワークのパフォーマンスを高める為、機器の処理性能のアップや、通信速度の改善要件のほかに、可用性が高く信頼のおけるネットワーク構成が、規模を問わずに求められるようになってきました。

特に、銀行や証券会社などの金融関連など、企業のシステムにおけるネットワークの障害はお客様の信頼という意味でも耐障害性を高める必要があります。その為には、ネットワークの冗長化（2 重化）を行う必要があります。

スパニングツリーは、スイッチで構成されるネットワークの冗長化方法の 1 つです。

意識せずにスイッチを冗長化した時、通信経路が「112..」を起こしてしまうことがあります。これを回避するために、「113..」にしてループが起

こらないようにスイッチ間で情報を交換する機能がスパニングツリーの役割になります。

Cisco スイッチでは、この機能はあらかじめ有効になっています。

03-6 アクセスリスト

アクセスリスト（ACL）は、Cisco ルーターでパケットを「114..............................」、「115........................」するために使用する手段です。

フィルタリング機能として、アクセスリストを使用すると、ネットワーク管理者は、特定のデバイスやネットワーク、サービスへのアクセスを制限する事ができます。

●アクセスリストの種類

IOS のバージョン等で多少の違いはありますが、Cisco ルーターでイーサネットを利用するアクセスリストは、次の 2 種類です。

プロトコル	利用可能なアクセスリスト番号	種別
IP	1-99	標準アクセスリスト
IP	100-199	拡張アクセスリスト

アクセスリストは、特定の通信を識別するリストで、アクセスリスト番号が同じ時、複数の識別条件として定義することができます。

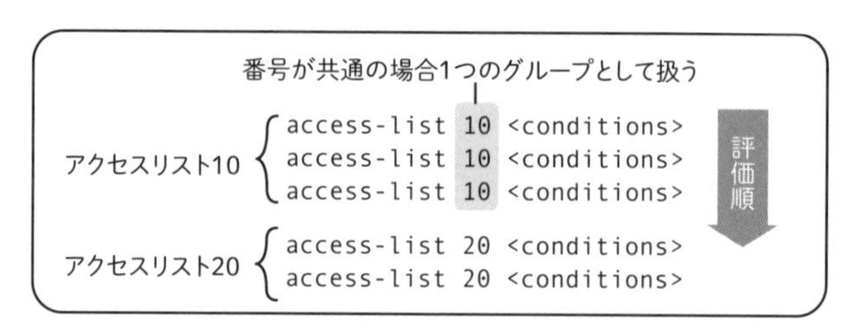

複数行に渡る条件を定義した時は、設定に登録されている順番で上から評価されるようになっています。

標準 IP アクセスリスト

標準 IP アクセスリストは、番号を「116…………」の範囲で指定し、「117…………………………………………」に基づいてフィルタリングを実行します。標準 IP アクセスリストで行うフィルタリング処理の対象として、宛先の IP アドレスやポート番号を利用したフィルタリングは実行できません。

アクセスリストで指定するアドレスの範囲は、特殊ワード（any/host）を除いて「118…………………………………………………………」で指定します。

ワイルドカードマスクは、IP アドレスと同じ 32 ビットで指定します。基準となる IP アドレスに対して、ワイルドカードマスクのビット位置の値が、「119………」というルールがあります。

IPアドレス	192.168.0.0	11000000 10101000 00000000 00000000
サブネットマスク	255.255.255.192	11111111 11111111 11111111 11000000
ワイルドカードマスク	0.0.0.63	00000000 00000000 00000000 00111111

↑ 基準IPアドレスと一致している必要がある

サブネットマスクのビットを逆転したように見えますが、0 は必ずしも連続である必要はありません。例えば、ワイルドカードマスクを「0.0.1.63」のように設定した時、「192.168.0.0~192.168.0.63 と 192.168.1.0~192.168.1.63」のアドレス範囲を選択することができるため、サブネットマスクよりも柔軟な構成ができます。

標準 IP アクセスリストの書式は、次のようになります。

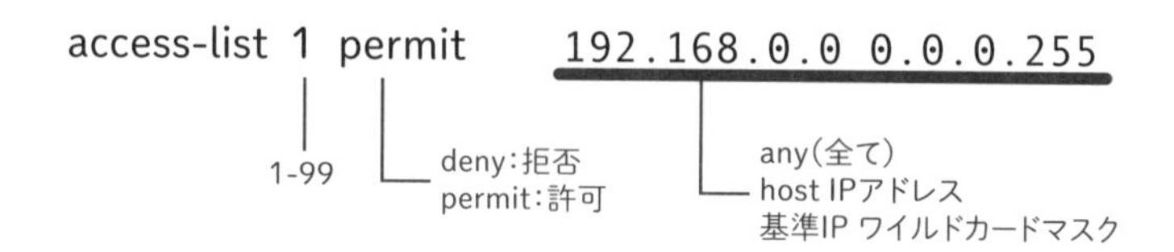

アクセスリストの適用

アクセスリストは、通信を識別するためのリストです。リストを定義しただけでは、動作しません。

アクセスリストの定義を実際に動作させるためには、アクセスリストをインターフェースに適用する必要があります。また、インターフェースに対しての方向を入力（IN）および出力（OUT）で指定する必要もあります。

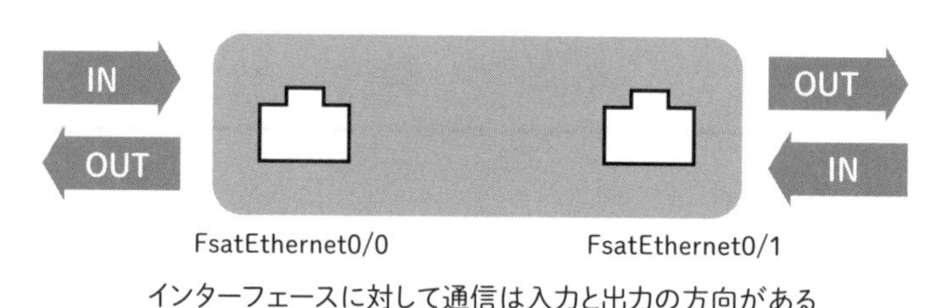

インターフェースに対して通信は入力と出力の方向がある

```
CenterR(config)# interface FastEthernet 0/0
CenterR(config-if)# ip access-group 10 out
```

拡張 IP アクセスリスト

拡張 IP アクセスリストは、番号を「120........................」の間で指定し、「121...」、「122...

……………………」に加えて、「123……………………………………………………」と「124……………………」に基づいてフィルタリングを実行することができます。

プロトコルにIPを指定した時は、IPアドレスの情報のみでマッチングを行い、TCP/UDPを指定した時は、アプリケーションを識別するポート番号までの指定ができるようになります。

拡張IPアクセスリストの書式は、概ね次の図のようになります。

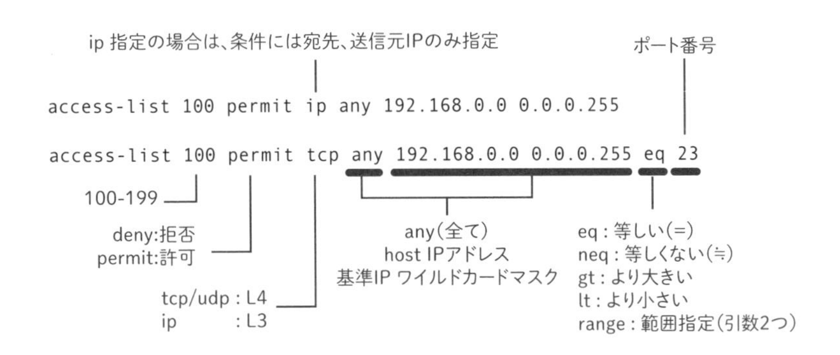

拡張IPアクセスリストは、標準IPアクセスリストに比べて参照する情報が多くなるため、ルーターのリソースに大きく負荷がかかります。適用するルーターのインターフェース、入出力方向などは十分に検討する必要があります。

```
CenterR(config)# access-list 100 deny tcp any host
192.168.1.100 eq 23
CenterR(config)# access-list 100 permit ip any any
CenterR(config)# interface FastEthernet 0/0
CenterR(config-if)# ip access-group 100 in
```

●暗黙の deny

標準 IP アクセスリストも拡張 IP アクセスリストも、アクセスリストの評価にマッチしなかった時は、その通信を deny（拒否）する動作になっています。これを「125........................」といいます。

明示的に deny の記述を用意しても問題ありませんが、暗黙の deny は実際に記述する必要はなく、アクセスリストの末尾に内部的に用意されています。

```
CenterR(config)# access-list 100 deny tcp any host
192.168.1.100 eq 23
CenterR(config)# access-list 100 permit ip any any
CenterR(config)# access-list 100 deny any any ←暗黙のdenyを明示
                                                的に記述した例
```

03-7 冗長化

「冗長化」とは、コンピュータや機器をはじめとして、システムの障害に備えて、予備の環境を用意しておくことをいいます。冗長構成には、大きく予備構成も稼働している「アクティブ / アクティブ」構成と、障害時に環境を切り換え処理を継続する「アクティブ / スタンバイ」構成があります。

● HSRP（Hot Standby Router Protocol）

HSRP は、2 つの「126..」するための Cisco 独自のプロトコルです。HSRP を使った冗長構成をする際は、「127..」があり、他ベンダーの機器と構成することは

できません。

Cisco 機器以外の機器と冗長構成する際は、VRRP（Virtual Router Redundancy Protocol）という標準化プロトコルを利用して構成します。これらのプロトコルで構成された冗長構成は、コンピュータなど端末側の設定を変更する必要がない冗長構成を作ることができます。

HSRP を構成するには、「128...」と「129...」を設定する必要があります。HSRP で構成されたレイヤ 3 デバイスは、外部からは 1 台のレイヤ 3 デバイスのように見え、「130..」を両者が共有します。アクティブ / スタンバイの切り替えは、優先度（プライオリティ）によって決定し、マルチキャストを利用して形成します。優先度は、priority 値（初期値 100）を「131...............」の間で指定することができます。大きな priority 値を持つルーターが、アクティブルーターとなって構成されます。同じ priority 値の時、ルーターに設定されているIPアドレスの比較でアクティブルーターが決定されます。

```
Router(config-if)# standby priority ?
  <0-255>  Priority value
```

単純に HSRP を構成した状態の時、アクティブルーターに障害が発生して、スタンバイルーターがアクティブルーターに切り替わると、priority 値の高いルーターが障害から復旧したとしても状態遷移（切り戻し動作）は行われません。

障害復旧後に、priority 値の高いルーターをアクティブ状態に戻したい時は、アクティブルーターとしたいルーターに「132..................」を設定する必要があります。

アクティブルーターの HSRP 設定例は、次の通りです。

```
RouterA(config)# interface FastEthernet 0/0
RouterA(config-if)# ip address 192.168.1.252 255.255.255.0
RouterA(config-if)# standby 1 ip 192.168.1.254
RouterA(config-if)# standby 1 preempt
```

スタンバイルーターの HSRP 設定例は、次の通りです。

```
RouterB(config)# interface FastEthernet 0/0
RouterB(config-if)# ip address 192.168.1.253 255.255.255.0
RouterB(config-if)# standby 1 ip 192.168.1.254
RouterB(config-if)# standby 1 priority 90
```

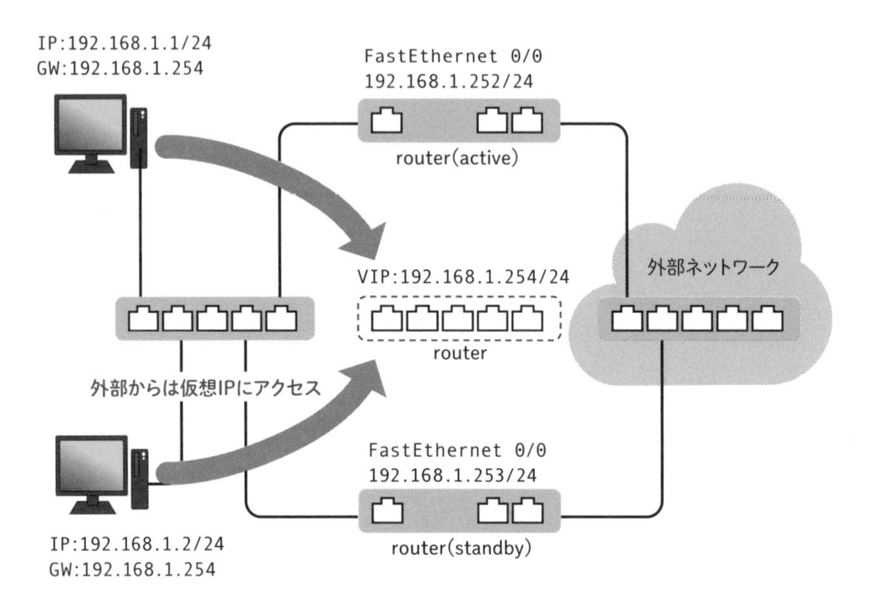

Linux
基礎編

Linuxは、コンピュータを動作させるオペレーティングシステム（OS）の1つです。大きな特徴として、「オープンソースソフトウェア（OSS）」として公開されているソフトウェアです。オープンソースソフトウェアは、誰でも自由に改良、再配布することができる特徴があるため、開発速度も速いといわれています。

Linuxの用途は様々で、普段利用するパソコンの用途、ネットワークを通じたサービスを提供するサーバ用途、プログラムの開発環境用途、組込OS、モバイルOS、スーパーコンピューターなど多岐にわたります。

特にサーバ分野では、年々シェアを伸ばしています。

オペレーティングシステムだけではなく、Linuxで動作するソフトウェアもオープンソースで利用できるものが多い環境であるため、導入コストが低く、信頼性の高いサーバを構築することができます。

ただし、その性能を十分に引き出すためには、Linuxを理解して、普段から利用できるように扱うことができる必要があります。

Linux の設定方法は 1 つではありません。したがって、内部的な動作について理解しておくと、最終的なゴールにたどり着くための方法は、いくつも用意されています。

特にサーバ分野での利用も踏まえた上で、グラフィカルユーザーインターフェースを使った操作ではなく、コマンドラインを主とした操作を紹介していきます。

Linux には、オペレーティングシステムとしてユーザーが利用できるように配布されているディストリビューションが多数存在しています。ここで扱うディストリビューションは、主に「Ubuntu」、「Miracle Linux」、「Raspberry Pi OS」を例に挙げていきます。

04
ログイン・ログアウト

Linuxは、マルチユーザーオペレーティングシステムです。

システムを利用するには、登録された「133..........................」と「134......................................」のペアを用いて認証を受ける必要があります。この行為をログインといいます。

次の例は、「Ubuntu」のログインプロンプトです。

```
Ubuntu 20.04.3 LTS localhost tty1

localhost login:
```

認証が成功すると、Linuxのコマンドラインインターフェースまたはデスクトップ環境が利用できる状態になります。

コンソール（コンピュータに接続されたモニタ等の入出力装置）には、ユーザーからのコマンドラインを受け付けるためのプロンプトやマウス操作を可能にしたデスクトップを表示します。

コマンドラインインターフェースのプロンプト表示形式は、Linuxディストリビューションによって、あらかじめ用意されていますが、自身で変更（カスタマイズ）することもできます。

大抵のディストリビューションでは、「ログインユーザー名@ホスト名：作業ディレクトリ」の形式で表示されます。

```
taro@localhost:~$
```

システムを利用する必要がなくなった時は、ログアウト処理を行いシステムから切り離します。ログアウトは、ログオフ、サインアウトなどともいいます。

ログアウトする時は、コマンドラインで「exit」や「logout」を入力します。

```
taro@localhost:~$ logout
```

ログアウトが成功した時は、ログインプロンプトが表示されます。

05
ネットワーク設定

ホスト間で通信の送受信を行うためには、IP アドレスをはじめとした、ネットワーク設定を行う必要があります。Red Hat Enterprise Linux 7 以降のバージョンでは、ネットワーク設定を「NetworkManager」ツールで一元管理することが推奨されています。

NetworkManager には、GUI（グラフィカルユーザーインターフェース）の他に、TUI（テキストユーザーインタフェース）と CUI（コマンドラインユーザーインターフェース）が用意されています。

NetworkManager に対してネットワーク設定情報を登録しておくと、ネットワークインターフェースや NetworkManager の起動／再起動を行ったタイミングで、NetworkManager 上に登録した設定情報をもとにネットワーク設定が構成されます。Red Hat Enterprise Linux 6 以前のバージョンでは、NetworkManager を利用せずに、ネットワーク設定ファイルに対して、直接設定情報を書き込む方法が主流となっていました。

Ubuntu では、ネットワークの設定に「netplan」がメインで利用されています。このように、利用するディストリビューションやバージョンによって、設定方法や利用するアプリケーションが異なるため、利用する Linux のディストリビューション、メジャーバージョン番号は、あらかじめ知っておく必要があります。

05-1 ネットワーク設定

● NetworkManager

NetworkManagerの設定や状態確認をコマンドラインで行うには、「135............」コマンドを使用します。
「nmcli」コマンドの基本形式は、次の通りです。

```
nmcli [option...] OBJECT { COMMAND | help }
```

OBJECTやCOMMANDに該当する箇所は、省略して書くことができます。COMMANDによっては後続に続く引数が必要になる時があります。

OBJECT	COMMAND	説明
g[eneral]	[status]	NetworkManagerの全般設定を表示
	136....................	ホスト名の表示
	p[ermissions]	操作に対する権限を表示
	l[ogging]	ログを表示、ログの取得範囲を設定
n[etworking]	137........	ネットワークをオンに切り替え
	138........	ネットワークをオフに切り替え
	139.........................	接続状態を表示
r[adio]	140......................	全無線の状態を表示・切り替え
	141.........................	Wifiの状態を表示・切り替え
	ww[an] [on|off]	モバイル回線の状態を表示・切り替え
c[onnection]	[show]	接続情報を表示
	u[p]|d[own]	インターフェースの操作
	a[dd]	インターフェースの追加
	e[dit]	インターフェースの変更（対話）
	m[odify]	インターフェースの変更
	d[elete]	インターフェースの削除
	r[eload]|l[oad]	全て / 指定プロファイルの再読み込み
	i[mport]|ex[port]	プロファイルのインポート・エクスポート

d[evice]	142.............	全てのデバイス状態を表示
	143...........	デバイスの詳細を表示
	144.........	デバイスのプロパティを変更（プロファイル）
	145.........................	デバイスを接続
	146................	変更内容でデバイスを更新
	147.................	デバイスアクティビティを監視
	148.............	ソフトウェアデバイスを削除
	149................	デバイスのプロパティを変更（メモリ）
	w[ifi]	Wifi デバイス上で演算実施
	l[ldp]	LLDP を介したデバイス一覧表示
a[gent]	s[ecret]	シークレットエージェントで実行
	p[olkit]	polkit アクションとして登録
	a[ll]	両方を実施

● nmcli を使ったネットワーク設定変更

「nmcli」コマンドを使ったネットワークの設定を変更は、Linux が識別しているインターフェースの名前が重要です。個別の情報表示や設定変更には、このインターフェース名が必要になります。

```
[root@localhost ~]# nmcli device status
DEVICE   TYPE      STATE      CONNECTION
enp0s3   ethernet  connected  enp0s3
docker0  bridge    unmanaged  --
lo       loopback  unmanaged  --
```

インターネットに接続する環境で DHCP サーバによる自動的なネットワーク設定を使わずに、手動でネットワークを設定する時、最低限次の 3 つを設定する必要があります。

◉ IP アドレス

◉ デフォルトゲートウェイ

◉ DNS サーバアドレス

```
[root@localhost ~]# nmcli connection modify enp0s3 ipv4.
addresses 192.168.120.225/24
[root@localhost ~]# nmcli connection modify enp0s3 ipv4.
gateway 192.168.120.254
[root@localhost ~]# nmcli connection modify enp0s3 ipv4.dns
192.168.120.254
[root@localhost ~]# nmcli connection modify enp0s3 ipv4.method
manual
```


引数は、連続して書くこともできます。

```
[root@localhost ~]# nmcli c m enp0s3 ipv4.method manual ipv4.
addresses 192.168.120.225/24 ipv4.gateway 192.168.120.254
ipv4.dns 192.168.120.254
```

プロファイルに書かれた内容は、ネットワークの無効、有効を切り替えると反映されます。

```
root@localhost ~]# nmcli n off
[root@localhost ~]# nmcli n on
```

Red Hat 系 Linux の多くは、「nmcli」コマンドによって反映した設定は、次の表のファイルに記録されます。

設定ファイル	内容
/etc/sysconfig/network-scripts/ifcfg-<interface> (<interface>は、使用環境により異なります)	ネットワークインターフェース設定
/etc/resolv.conf	DNS のリゾルバ設定ファイル

● ip

「ip」コマンドは、ルーティング、デバイス、ポリシールーティング、トンネルについて情報の表示や操作を行います。ネットワーク設定の操作は「nmcli」コマンドと異なり、ネットワーク設定のプロファイルに変更は与えずに、動作中の設定が一時的に書き換わります。

「ip」コマンドの基本形式は、次の通りです。

```
ip [option…] OBJECT {COMMAND | help }
```

主な OBJECT と COMMAND は、次の表の通りです。

OBJECT	COMMAND	説明
l[ink]	add	ネットワークデバイスの追加
	replace	ネットワークデバイスの置換
	del	ネットワークデバイスの削除
	show	ネットワークデバイスの表示
a[ddress]	add	デバイスに IP/IPv6 アドレスの追加
	replace	デバイスに設定されている IP/IPv6 アドレスの置換
	del	デバイスに設定されている IP/IPv6 アドレスの削除
	show	デバイスに設定されている IP/IPv6 アドレスの表示
r[oute]	add	経路情報の追加
	del	経路情報の削除
	replace	経路情報の置換
	get	指定アドレスの経路情報取得
n[eigh]	show	隣接 ARP 情報の表示

「ip」コマンドの OBJECT は、「nmcli」コマンド同様に省略して記載することができます。また、COMMAND を省略した時の動作は、「show」を指定したものとして実行されます。

```
[root@localhost ~]# ip addr show
1: lo: <LOOPBACK,UP,LOWER_UP> mtu 65536 qdisc noqueue state
UNKNOWN group default qlen 1000
    link/loopback 00:00:00:00:00:00 brd 00:00:00:00:00:00
    inet 127.0.0.1/8 scope host lo
       valid_lft forever preferred_lft forever
    inet6 ::1/128 scope host
       valid_lft forever preferred_lft forever
2: enp0s3: <BROADCAST,MULTICAST,UP,LOWER_UP> mtu 1500 qdisc
pfifo_fast state UP group default qlen 1000
    link/ether 08:00:27:59:45:c2 brd ff:ff:ff:ff:ff:ff
    inet 192.168.120.33/24 brd 192.168.120.255 scope global
noprefixroute dynamic enp0s3
       valid_lft 259160sec preferred_lft 259160sec
    inet6 fe80::2d89:bc37:dcfa:137/64 scope link noprefixroute
       valid_lft forever preferred_lft forever
3: docker0: <NO-CARRIER,BROADCAST,MULTICAST,UP> mtu 1500 qdisc
noqueue state DOWN group default
    link/ether 02:42:09:11:4c:b3 brd ff:ff:ff:ff:ff:ff
```

● ping

インターネットプロトコル（ip）による、「150...」には、「ping」コマンドを実行します。「ping」コマンドは、ICMP (Internet Control Message Protocol) を使ったEnd-to-Endでの「152.疎..................」を確認（テスト）するネットワークコマンドです。

「ping」コマンドの基本形式は、次の通りです。

```
ping [option…] <FQDN/IP Address>
```

主なオプション	説明
-c <n>	指定した n 数のテストを行う
-s <Integer>	パケットサイズを Integer サイズ（デフォルト 56byte）にする
-i <n>	実行間隔を n に指定する

Linux のネットワーク設定が正しく設定されていることを確認した上で、デフォルトゲートウェイに該当する IP アドレスへの疎通確認テストを実行しておくと、外部ネットワークへ IP レベルの通信が行える状態にあるかどうかを判断することができます。

また、ネットワークトラブル発生時に切り分け作業にも「ping」コマンドは使用することができます。

05-2 ホスト名設定

ホスト名は、コンピュータに設定する名前のことをいいます。設定するホスト名は、そのホスト自身が参照する名前で、任意の値を指定することができます。一般的に、企業や団体では、それぞれのルールに従って命名規則を設けています。

一例を挙げると、「地域」、「用途」、「マシン番号」などを組み合わせた形で、「jp-web-001」や「www001jp」のように設定します。

ホスト名に利用できる文字は、RFC952 にルールが公開されています。その中では、「ホスト名は 24 文字以下で、英字、数字、ハイフン (-)、ドット (.) の使用できます。ドットは、ドメイン名の区切りに限って使用できます。ブランクやスペース文字は、ホスト名に使うことはできません。最初の文字は、英字で 1 文字だけのホスト名は使用できません」と記述されています。

Linux のホスト名の変更方法は、コマンドを使うか、ホスト名を定義しているファイルを直接編集するかのいずれかです。

● hostnamectl

「hostnamectl」コマンドは、システムのホスト名を操作します。ホスト名の設定オプションを指定すると、設定ファイル「/etc/hostname」に設定を反映します。何も指定しない時は、現在の設定状態を表示します。

「hostnamectl」コマンドの基本形式は、次の通りです。

```
hostnamectl [option…] {COMMAND}
```

COMMAND	説明
set-hostname <NAME>	指定した Name にホスト名を設定する

```
pi@raspberrypi:~ $ hostnamectl
   Static hostname: raspberrypi
         Icon name: computer
        Machine ID: 5497664327a74a5e859f667a8e47d05f
           Boot ID: 04889ca6e88f4c80b0e42c3713480ae9
  Operating System: Debian GNU/Linux 10 (buster)
            Kernel: Linux 5.10.63-v8+
      Architecture: arm64
```

設定後のホスト名は、再ログインすると反映されます。

● /etc/hostname の編集

「hostnamectl」コマンドが、ホスト名を登録するファイル「/etc/hostname」を直接編集してもホスト名の設定を行うことができます。編集には、特権ユーザーの権限が必要です。

06
SSH (Secure Shell)

SSHは、従来から利用されてきたリモート操作コマンドの「Telnet」、「rsh」および「rlogin」コマンドの代替手段であるプロトコルです。Linuxでは、オープンソースの「OpenSSH」パッケージを使って利用することができます。

従来使われていたコマンド群は、「152 .... 」で流れてしまうため、インターネットなどの公共回線上では、盗聴などの危険性が高く問題を抱えたものでした。

SSHは、この問題を解消するために、「153 .... 」して安全な接続を確立します。また、リモート操作だけではなく、ファイルのコピー（「scp」コマンド〈現在非推奨コマンドとされている〉）やFTPの代替（「sftp」コマンド）も用意されているため、通信に利用するポート番号（22/tcp）が少ない上に、利用する操作範囲の拡大とファイアウォールへの設定にも負担がかからなくなっています。

現在使われているSSHのバージョンには、「バージョン1」と「バージョン2」の2種類が用意されています。

「バージョン1」には、多くの脆弱性が発見されているため、利用する環境で固執する理由がない限り（例えば固有のシステムがバージョン1のみサポート等）を除き、「バージョン2」の利用が推奨されています。

認証には、パスワード認証や公開鍵認証、ワンタイムパスワード認証と多くの認証方式が提供されているので、情報セキュリティポリシーに合わせて選択することができます。

06-1 認証方式

SSH の認証方法は、主にパスワード認証、公開鍵認証の方式から選択して使用することができます。それぞれのメリットやデメリットは、次の表の通りです。

●パスワード認証方式

パスワード認証方式は、「154……………………」と「155……………………」の組み合わせを使って、認証を行う方式です。ユーザー名とパスワードは、接続先の Linux に登録されている情報を利用します。

メリット	デメリット
1) ID とパスワード情報で認証できる 2) 接続場所にとらわれない	1) 悪意のある攻撃を受けやすい 2) ソーシャルハッキングを受けやすい

●公開鍵暗号方式

接続元のコンピュータ上で作成した、「156……………………」を使って認証を行う方式です。鍵のペアのうち公開鍵を認証するコンピュータ上に配置して、接続元は秘密鍵を使って認証に必要な情報を生成します。

メリット	デメリット
1)秘密鍵により認証のためセキュリティリスクを低減	1) 鍵の管理が重要 2) 鍵の無い環境からは認証できない

06-2 SSH サーバ

リモート操作を受け付ける Linux は、SSH サーバが稼働している必要があります。SSH パッケージは、あらかじめインストールされて自動起動するように構成されていることが多いですが、SSH サーバが起動していることを確認するには、次のようにコマンドを実行します。ディストリビューションによっては、サービス名が「ssh」となる時もあります。

```
[taro@localhost ~]$ sudo systemctl status sshd
● sshd.service - OpenSSH server daemon
   Loaded: loaded (/usr/lib/systemd/system/sshd.service;
enabled; vendor preset: enabled)
   Active: active (running) since Thu 2022-01-20 11:06:06 JST;
4 days ago
```

「Active」行が「running」ではない時、SSH サーバを起動する必要があります。

```
[taro@localhost ~]$ sudo systemctl start sshd
```

06-3 SSH 接続

SSH で接続するためには、接続先の情報として次の情報が必要です。

- **IP アドレスまたはホスト名（DNS 登録されている FQDN）**
- **ログインユーザー ID**
- **パスワードまたは秘密鍵**

Windows 10（ビルド 1809 以降）では、OpenSSH Client が Windows

設定を使用してインストールすることができます。

OpenSSH コンポーネントをインストールするには：

1. **[設定] を開き、[アプリ] > [アプリと機能] の順に選んで、[オプション機能] を選択します。**
2. **インストールされている機能一覧を確認して、OpenSSH が見当たらない時は、ページ上部にある [機能の追加] を選択して、図のように「OpenSSH クライアント」をチェック後に、[インストール] をクリックします。**

接続元 (Windows) には、ターミナルソフトウェアが必要です。ターミナルソフトウェアには、フリーソフトウェアも含めて多数の種類がありますが、ここでは、Windows Terminal (Microsoft ストアから入手) を例に挙げます。

Windows Terminal を起動すると、「Windows PowerShell [※3]」が起動します。

```
Windows PowerShell
Copyright (C) Microsoft Corporation. All rights reserved.

新しいクロスプラットフォームの PowerShell をお試しください https://
aka.ms/pscore6

PS C:\Users\user>
```

〔※ 3〕設定により、シェルとして起動するプログラムを指定できます。

SSH認証を行う鍵のペアは、「ssh-keygen.exe」を実行すると作成することができます。鍵ペア作成時に、秘密鍵に対するパスフレーズを登録することができますが、次の例では省略しています。パスフレーズを登録しておくと、万が一秘密鍵の紛失や漏洩などの事故発生時に、秘密鍵をすぐに利用されることから防衛することができます。

```
PS C:\Users\user> ssh-keygen.exe
Generating public/private rsa key pair.
Enter file in which to save the key (C:\Users\user/.ssh/id_
rsa):
Created directory 'C:\Users\user/.ssh'.
Enter passphrase (empty for no passphrase):
Enter same passphrase again:
Your identification has been saved in C:\Users\user/.ssh/id_
rsa.
Your public key has been saved in C:\Users\user/.ssh/id_rsa.
pub.
The key fingerprint is:
SHA256:2eFUpRmhg1rbz8T2xqdd4SznOkSlCJi6G3Q8Kqdui08 user@
DESKTOP-FG6622N
The key's randomart image is:
+---[RSA 3072]----+
|        o   +o.  |
|       o o o + . |
|      o o * + o  |
|     o * B = o   |
|    . = S + =  . |
|   . =     = +o .|
|   E+ o     +.++o|
|  oo .       o++.|
| .++.        .+..|
+----[SHA256]-----+
```

鍵のペアは、コマンドを実行したWindowsのユーザーのホームフォルダ内に、「.ssh」フォルダが作成されて、その中にペアが作成されます。作成される鍵ファイルは次の2つです。

- id_rsa 「157................」
- id_rsa.pub 「158................」

秘密鍵は自身が利用する鍵で、紛失・漏洩には細心の注意を払う必要があります。紛失・漏洩が発覚した時は、直ちに鍵ペアで利用している認証を解除（失効処理や登録済みの公開鍵の解除等）する必要があります。

SSH認証で利用する公開鍵は、事前に対象のLinuxへ登録しておく必要があります。鍵の登録には、公開鍵をファイル転送などの手段を使ってLinux内に配置しておく必要があります。また、公開鍵は所定の場所に、正しく配置しておく必要があります。

- **公開鍵配置ディレクトリ：ユーザーホームディレクトリ内の「.ssh」ディレクトリ**
- **公開鍵登録ファイル名：authorized_keys**

ディストリビューションによって異なりますが、セキュリティを考慮してディレクトリやファイルの権限（パーミッション）を要求するものもあります。

- 「.ssh」ディレクトリ：rwx------
- authorized_keys ファイル：rw-------

ユーザーホームディレクトリに転送した公開鍵（id_rsa.pub）を、上記のように配置する操作例は次の通りです。

```
taro@localhost:~$ ls
id_rsa.pub
taro@localhost:~$ mkdir .ssh
taro@localhost:~$ cat id_rsa.pub > .ssh/authorized_keys
taro@localhost:~$ chmod 700 .ssh
taro@localhost:~$ chmod 600 .ssh/authorized_keys
```

以降のログイン時には、公開鍵認証方式で認証が行われるため、パスワードを聞かれることなくログインできます。

```
PS C:\Users\user> ssh taro@192.168.120.26
```

秘密鍵の保管場所あるいはファイル名の変更を行った時は、オプションを使ってファイルの場所を指定する必要があります。

```
PS C:\Users\user> ssh -i C:\keys\secret.key taro@192.168.120.26
```

公開鍵認証方式で認証が行われると、接続元からの「ssh」コマンド実行後に、接続先のプロンプトが表示されます。以後は、コンソール接続で認証を行った後と同様に、Linux へのコマンドライン操作を行うことができます。

SSH 接続ができると、Linux コンピュータの設置場所にかかわらず、メンテナンス等の作業ができるので、データセンターやクラウド上の仮想マシンといった遠隔地に設置されたサーバを、現地に赴かずに、必要に応じて操作することができるようになります。

07 コマンドラインの操作

Linux は、サーバとして利用する時が多いため、不必要なリソースを排除したコマンドラインでの操作が頻繁に行われます。コマンドライン操作は、グラフィカルな環境での操作と違い、メニューやアイコンが存在していないため、直感的な操作はできません。表示する画面上は、ユーザーの命令を待つプロンプトが表示されているだけなので、ユーザーが命令をしないと画面には何も表示されません。また､命令の成功に対してメッセージが出ない時も多々あります。

したがって、コマンド操作に慣れる前は、まず事前確認を行い、その上で命令を実行し、実行結果の確認というステップで進みます。

コマンドラインの操作は、そのような特性を理解した上で、コマンドラインシェルを通じて操作を行います。

07-1 シェルの操作

Linux は、ユーザーの命令（コマンド）を、コマンドシェルを通じてカーネルへ伝達します。

カーネルは、「159...」し、その応答はカーネルからのメッセージとして､シェルを介してユーザーへ返されます。

一般的に Linux のシェルは、コマンドインタプリタとも呼ばれており、コマンドの実行だけではなく、プログラミング言語としての機能も持ち合わせています。Linuxで利用できるシェルには、様々な種類があります。特に、Bourneシェル（sh）の機能強化した「bash」が標準シェルとして採用されていることが多くなっています。
「bash」は、コマンド履歴の操作やエイリアス（別名）をつける機能などを持っているのが特徴です。1台のLinux内には、「bash」以外にもシェルを用意することは可能で、インストールされているシェルであれば、ユーザーが利用するシェルを選択することができます。

シェルの操作は、ターミナルやコンソール上で、キーボードからコマンドを入力して命令することをいいます。シェル内で実行できるコマンドには、コマンドインタプリタ内に組み込まれた「160...」と別の実行ファイルとして存在する「161...........................」があります。

内部コマンド（ビルトイン）は、作業ディレクトリ（カレントディレクトリ）に関わらず実行することができます。

外部コマンドは、実行ファイルの場所を指定せずに実行を試みた時、「162...............................」内に記述されている順番で対象ファイルを検索します。

環境変数「PATH」内に、該当するファイルが存在する時は実行できますが、含まれない時は実行することができません。

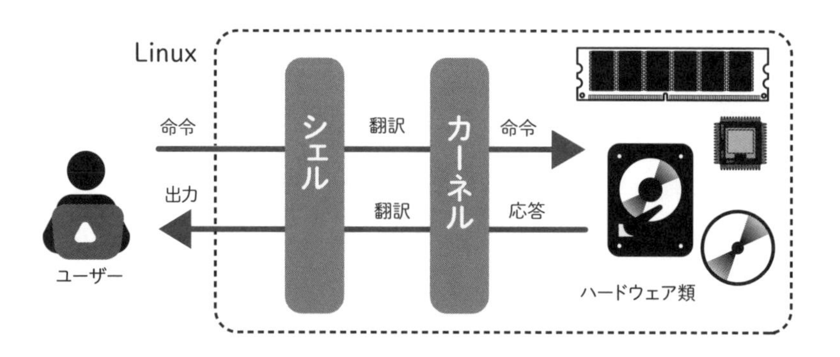

●内部コマンドと外部コマンドの識別

「type」コマンドを使用すると、内部コマンドと外部コマンドを識別することができます。

「type」コマンドの基本形式は、次の通りです。

```
type [option…] {COMMAND NAME}
```

同名のコマンドが複数ある時、オプション「-a」を使うと全てを表示することができます。

```
taro@localhost:~$ type cd
cd is a shell builtin
taro@localhost:~$ type date
date is /usr/bin/date
taro@localhost:~$ type -a [
[ is a shell builtin
[ is /usr/bin/[
[ is /bin/[
```

●コマンドの入力規則

コマンドには、コマンドインタプリタが解釈可能な入力規則がある程度決まっています。また、実行するには、必ず［Enter］キーによって入力終了を指示する必要があります。

コマンドによって、入力できる項目は異なりますが、多くの場合は次の通りの順序で入力します。

基本的なコマンド構文：

```
COMMAND {SUBCOMMAND} [option…] [argument…]
```

❶ コマンドは、[Enter] キーを入力すると実行されます。

❷ オプションは、コマンドごとに用意されていて、入力する書式に違いがあります。「- (ハイフン)」に続けて入力する方式や「-」なしで入力する方法の他、オプションに引数を取るものもあります。引数の無いオプションは、連続して記述することもでき、順序に関係はありません。

❸ コマンドの引数は、コマンドを実行する対象（主にファイルやディレクトリおよびパラメータ）を指定します。

❹ 空白文字（スペース）は、それぞれの区切りの役割を持ちます。

●コマンド入力が正しく完了していない例

コマンドは、入力を受け付けるプロンプトが表示されている状態で入力することができます。[Enter] キーによって、入力終了を示したつもりでいても、通常とは異なるプロンプトが表示されている時があります。

次の例は、コマンドの実行状態ではなく、前の行に入力した内容の継続状態を示しています。

```
taro@localhost:~$ echo "test message
>
```

このような通常とは異なるプロンプトが現れた時、プロンプトを正常な状態に戻すために正しい文節（コマンドとして成立させる）にするか、[Ctrl]+[c] キーによって入力状態をキャンセル（割込み中断）します。

行末に「\（バックスラッシュ）」を指定すると、意図的に改行することができます。

```
taro@localhost:~$ ls \
> -l
total 32
drwxr-xr-x 2 taro taro 4096  1月 24 17:57 Desktop
drwxr-xr-x 2 taro taro 4096  1月 24 17:57 Documents
drwxr-xr-x 2 taro taro 4096  1月 24 17:57 Downloads
drwxr-xr-x 2 taro taro 4096  1月 24 17:57 Music
drwxr-xr-x 2 taro taro 4096  1月 24 17:57 Pictures
drwxr-xr-x 2 taro taro 4096  1月 24 17:57 Public
drwxr-xr-x 2 taro taro 4096  1月 24 17:57 Templates
drwxr-xr-x 2 taro taro 4096  1月 24 17:57 Videos
```

また、プロンプトは正常になっても、コマンドが正しく実行されない時もあります。

次の例は、引数が足りずにコマンドとして不完全のため、エラーを出力しています。

```
taro@localhost:~$ cp id_rsa.pub
cp: missing destination file operand after 'id_rsa.pub'
Try 'cp --help' for more information.
```

●ブレース展開

bash のバージョン 4 以降からは、ブレース展開が強化されています。ブレース展開は、「{　}（中カッコ）」内に記載した内容によって、任意の文字列を生成するものです。

ブレース展開の基本書式：

```
{Strings,Strings}
{Start..End..[Increment]}
```

次の例は、ブレース展開を使った文字列の生成です。

```
taro@localhost:~$ echo Hello_{a,b,c}
Hello_a Hello_b Hello_c
taro@localhost:~$ echo Hello_{a..c}
Hello_a Hello_b Hello_c
taro@localhost:~$ echo Hello_{3..1}
Hello_3 Hello_2 Hello_1
taro@localhost:~$ echo Hello_{01..10..3}
Hello_01 Hello_04 Hello_07 Hello_10
```

●複数のコマンドの実行

実行するコマンドは、コマンドの基本的な文法に従って、[Enter] キーを押すまでの間に記述します。

この作業を繰り返し実行して、いくつかのコマンドを実行していくわけですが、少し応用すると、複数（2 つ以上）の実行コマンドを 1 行で記述することも可能になります。

複数のコマンドを 1 行で実行（順次に実行）

コマンドとコマンドの間に「;（セミコロン）」を指定すると、「163……………………………………………………………………………」されるようになります。

複数コマンドの実行（順次）書式：

```
COMMAND1 ; COMMAND2 [; COMMAND3…]
```

この記述方法でコマンドを実行した時は、単純に複数行で記述するコマンドを１行で記述している状態です。したがって、コマンドの実行結果に関係なく、次のコマンドが実行されていきます。

```
taro@localhost:~$ cd /tmp ; mkdir test ; cd test ; pwd
/tmp/test
taro@localhost:/tmp/test$
```

次の例では、上記と同じコマンドを実行していますが、既に「/tmp/test」ディレクトリが存在するため、「File exists」エラーが出力されています。また、その後に記述している「cd」コマンド以降は正常に実行しています。

```
taro@localhost:/tmp/test$ cd /tmp ; mkdir test ; cd test ; pwd
mkdir: cannot create directory ‘test’: File exists
/tmp/test
taro@localhost:/tmp/test$
```


複数のコマンドを１行で実行（並列に実行）

コマンドとコマンドの間に「&（アンパサンド）」を指定すると、「164 ......」されるようになります。

複数コマンドの実行（並列）書式：

```
COMMAND1 & COMMAND2 [& COMMAND3…]
```

この時は、指定したコマンドは並列処理（厳密には、プロセスをバックグラウンドに回す）されるため、コマンドの結果を利用した処理を記述していく時には、適していません。

コマンドの成功時に次のコマンドを実行（アンド連結）

コマンドの結果によって、次のコマンドの実行可否を変更する方法の1つとして、アンド連結があります。
「;（セミコロン）」を使ったコマンド連結と異なり、「165……………………………………………………………………………………」されます。アンド連結は、コマンドとコマンドの間には「&&」を指定します。「&&」に続くコマンドは直前のコマンドの実行結果を判定して、実行可否を決定します。

アンド連結の書式：

```
COMMAND1 && COMMAND2 [&& COMMAND3…]
```

次の例では、「&&」前のコマンド結果が成功しているので、後続のコマンドも実行されています。

```
taro@localhost:~$ cd /tmp/ && mkdir test2 && cd test2 && pwd
/tmp/test2
taro@localhost:/tmp/test2$
```

次の例では、上記と同じコマンドを再実行した結果ですが、1度実行しているので「/tmp/test2」ディレクトリが存在しているため、ディレクトリ作成コマンドでエラーとなっています。このエラーにより以降のコマンドは、実行されていません。

```
taro@localhost:/tmp/test2$ cd /tmp/ && mkdir test2 && cd test2
&& pwd
mkdir: cannot create directory ‘test2’: File exists
taro@localhost:/tmp$
```

コマンドの失敗時に次のコマンドを実行（オア連結）

アンド連結のように、コマンドの結果を利用して次のコマンドの実行可否を変更する方法に、オア連結があります。

アンド連結とは逆の、「166..」されます。オア連結は、コマンドとコマンドの間には、「|| （バーティカルラインを 2 つ）」を指定します。「||」に続くコマンドは、直前のコマンドの実行結果を判定して、実行可否を決定します。

オア連結の書式：

```
COMMAND1 || COMMAND2 [|| COMMAND3…]
```

次の例では、直前のコマンドを失敗させて、後続のコマンドを実行しています。直前のコマンド結果を見て実行しているため、2 つ目の「echo "world"」コマンドは、実行されていません。

```
taro@localhost:~$ ls /test || echo "hello" || echo "world"
ls: cannot access '/test': No such file or directory
hello
```

●ワイルドカード

ワイルドカードは、文字列を特定のパターンとして扱う特殊文字です。bash で使えるワイルドカードには、次のようなものがあります。

ワイルドカード	説明
?	任意の 1 文字
*	任意の文字列
[<string>]	string のいずれかの文字
[!<string>]	string のいずれでもない文字

●シェル操作の履歴

bash は、入力したコマンドを成功失敗に関わらず記録しています。

この記録をコマンド履歴といい、保持される履歴の数は、環境変数「HISTSIZE」や「HISTFILESIZE」で設定します。また、記録するファイル名については、環境変数「HISTFILE」で設定（初期値：「.bash_history」）します。

「HISTSIZE」の値を「0（ゼロ）」に設定した時のみ、履歴を記録しないようにできます。

記録されたコマンド履歴は、「history」コマンドによって内容の確認や再利用することができます。

「history」コマンドの基本形式は、次の通りです。

```
history [option…]
```

主なオプション	説明
<n>	表示履歴数を n にする
-c	履歴の全クリア
-d <n1>[-<n2>]	n1 番の履歴を削除(ハイフン接続時は範囲指定 n1~n2)

「history」コマンドによって確認できた履歴番号を使って、コマンドを再利用することができます。再利用する時は、「!（エクスクラメーションマーク）」の後に履歴番号やコマンド文字列（一部でも可）を入力することで、コマンドを呼び出すことができます。

❶ 「!」の後に数値を指定すると、コマンド履歴番号に該当するコマンドが再実行されます。

❷ 「!!」を入力すると、直前のコマンドを再実行します。

❸ 「!」の後に文字列を入力すると、最新履歴から入力文字列から始まるコマンドを再実行します。

❹ 「!?」の後に文字列を入力すると、最新履歴から入力文字列を含むコマンドを再実行します。

コマンド履歴の他にも、単語指示子を使ってコマンド履歴内の引数を再利用することもできます。次の表は、単語指示子を使った再利用方法をまとめたものです。

単語指示子	引数の対象
!!:^	直前コマンドの最初の引数
!!:<n>	直前コマンドの n 番目の引数
!!:<n1>-<n2>	直前コマンドの n1 番目から n2 番目の引数
!!:$	直前コマンドの最後の引数
!<String>:^	String で始まるコマンドの最初の引数
!<String>:<n>	String で始まるコマンドの n 番目の引数
!<String>:<n1>-<n2>	String で始まるコマンドの n1 番目から n2 番目の引数
!<String>:$	String で始まるコマンドの最後の引数
!<HISTNUM>:^	指定 HISTNUM 履歴の最初の引数
!<HISTNUM>:<n>	指定 HISTNUM 履歴の n 番目の引数
!<HISTNUM>:<n1>-<n2>	指定 HISTNUM 履歴の n1 番目から n2 番目の引数
!<HISTNUM>:$	指定 HISTNUM 履歴の最後の引数

これらを組み合わせて、履歴の引数をそのまま再利用することも、置き換えて使用することもできます。

```
taro@localhost:~$ history
     1  ls
     2  echo 'I am $USER'
     3  echo "I am $USER"
     4  history
taro@localhost:~$ !2
echo 'I am $USER'
I am $USER
taro@localhost:~$ !3:s/USER/PATH/
echo "I am $PATH"
I am /usr/local/sbin:/usr/local/bin:/usr/sbin:/usr/bin:/sbin:/
bin:/usr/games:/usr/local/games:/snap/bin
```

●パス

パスは、「167...」のことです。

Linux のシステムのファイルシステムには、「/（ルート）」ディレクトリから始まるディレクトリの階層構造と、ディレクトリ内に含まれるファイルで構成されています。Linux の操作（ファイル操作）の多くは、このディレクトリツリーの構成を正確に指定して、ファイルの位置を示す必要があります。

環境変数「PATH」は、このディレクトリツリーで作られたパスの 1 つで、複数のパスで構成されています。

入力するコマンドは、環境変数「PATH」から該当ファイルを検索して実行します。

実行するコマンドが、環境変数「PATH」内に含まれない時は、シェルに「command not found」相当のメッセージが表示されてエラーになります。

ただし、実際のファイルがファイルシステムのどこかに存在している時は、ファイルの位置を正確に指定することができれば、「PATH」に含まれていない時でも、コマンドを実行することができます。

ディレクトリツリーを指定するパスは、「絶対パス」と「相対パス」の2種類が用意されています。Linuxのパスの指定は、指定方法の種類にかかわらず、ディレクトリとディレクトリに間には、「/（スラッシュ）」を間に入れて指定します。

絶対パス

「/（ルート）」ディレクトリから、対象のファイルやディレクトリまでの経路を、上位ディレクトリから全て表記して指定します。

絶対パスを使う時は、作業ディレクトリ（カレントディレクトリ）にかかわらず、指定するファイル位置までの経路は同じになります。

図中の「05_may」ディレクトリを絶対パスで指定すると「168..」になります。したがって、絶対パスでは、最上位のディレクトリ「/」があるため、パスの先頭には必ず、「/（スラッシュ）」から始まります。

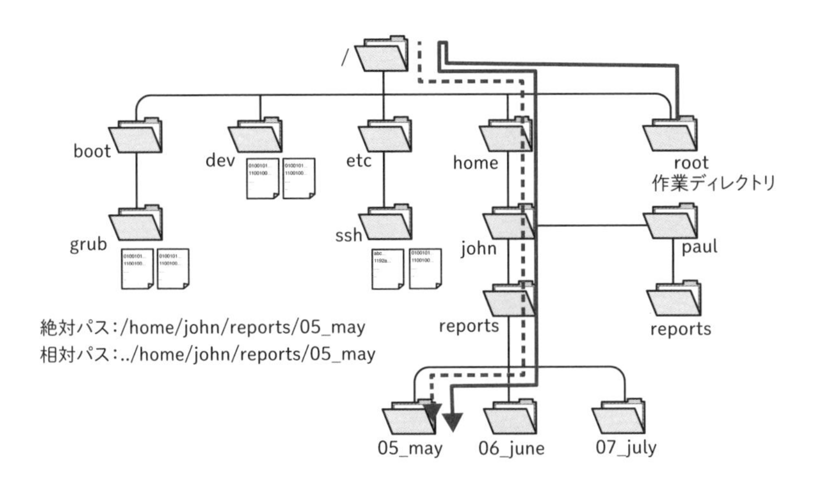

相対パス

作業ディレクトリ（カレントディレクトリ）を考慮して、目的のディレクトリやファイルを指定します。相対パスは、ディレクトリ名をメタキャラクタで置き換えて指定できる方法で、階層の１つ上位を指定するには「..（ドット２つ)」で表し、現在のカレントディレクトリは「.（ドット)」で表すことができます。

図中の「root」ディレクトリがカレントディレクトリだった時、「05_may」ディレクトリまでの相対パスは、直接階層を下がって「home」ディレクトリへアクセスできないので、一旦上位ディレクトリの「/(ルート)」の経路を含めた「169..」になります。

カレントディレクトリは、シェル上で作業を行う時に必要なディレクトリで、Linux のディレクトリツリー上のいずれかの場所です。

コマンドライン操作において、カレントディレクトリは常に画面に表示されているわけではない（プロンプトのカスタマイズで出力することは可能）ので、現在どのディレクトリで作業をしているかを確認するには、「pwd」コマンドを実行します。

「pwd」コマンドの基本形式は、次の通りです。

```
pwd [option…]
```

相対パスを利用する時は、「170..」ので、事前に確認する癖をつけると誤操作が防げます。

```
taro@localhost:~$ pwd
/home/taro
taro@localhost:~$ cd /var/tmp
taro@localhost:/var/tmp$ pwd
/var/tmp
```

●オンラインマニュアル

コマンドのオプションや引数を全て記憶して覚えておくことは、あまり現実的なことではありません。Linux のコマンドには、オンラインマニュアルが用意されているので、使用方法に困った際は、その場で調べることができます。

オンラインマニュアルページを参照するには、「man」コマンドを使用します。

マニュアルには、コマンドだけではなく、オプションや設定ファイルの書式、操作例など調べることができるので、活用することができると、とても便利な機能です。

「man」コマンドの基本形式は、次の通りです。

```
man [man option][Section Number] <page>
```

主なオプション	説明
-f	指定されたコマンドの簡単な説明を表示（page は完全一致）
-k	指定されたコマンドの簡単な説明を表示（page は部分一致）

コマンド以外に、設定を伴うオンラインマニュアルの時、セクション番号を指定すると必要な情報にたどり着きやすくなります。セクション

番号に対応する内容は、次の表の通りです。

セクション番号	説明
1	ユーザーコマンド
2	システムコール
3	サブルーチン
4	デバイス
5	ファイルの書式
6	ゲーム
7	その他
8	システム管理ツール
9	Linux カーネルの独自ルーチン

表示されたオンラインマニュアルは、環境変数「PAGER」で指定されたプログラム（初期値は「less」コマンド）によって1画面に収まるように表示されます。

ページャプログラムによって、操作方法は異なりますが、初期値の「less」コマンドは、[q] キーによって終了を指示することができます。

その他の主な操作は、次の表の通りです。

対応キー	説明
[Space] キー	次ページへ移動
[j] キー	1行下方へ移動
[k] キー	1行上方へ移動
/<String>	ページから String を検索 [n] キー：次の検索ワード [N] キー：前の検索ワード

07-2 ストリーム

Linux は、キーボードからの文字入力や、ディスプレイへの画面出力をファイルの読込みや書込みと同様に扱っています。データの入出力に伴う流れを、全て「ストリーム」といいます。

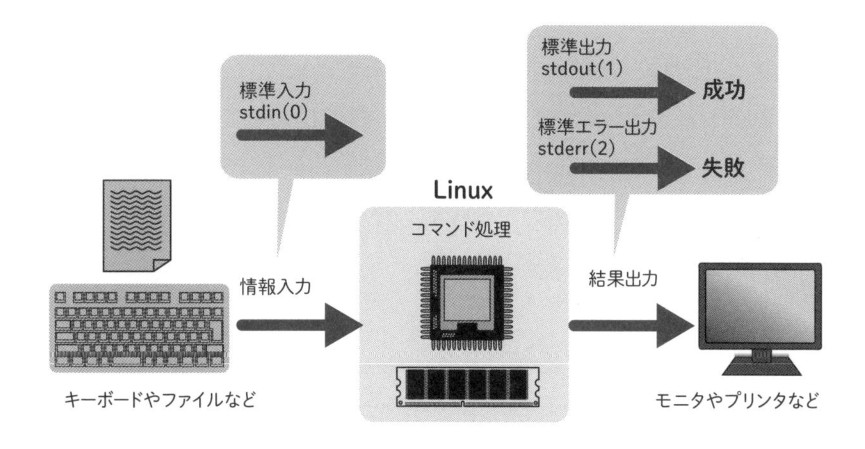

データはストリームとして扱われるために、C 言語と同じように 3 つの基本インターフェースで、「0」，「1」，「2」という数字を使った、ファイルディスクリプタを利用することができます。

ストリームを通して出力される結果は、画面出力される点では同じでも、正常に終了した時と、エラーの時で、内部的に異なるファイルディスクリプタを使っています。

07-3 リダイレクト

「171 ....」ことを、リダイレクトといいます。

例えば、ファイル内容をコマンドの引数として利用することで、キーボードからの入力を省略したり、コマンドの実行結果を画面ではなく、ファイル名に変更することで、画面に出力される結果をデータとして保存したりすることがストリームの操作で可能になります。

このようなストリームの操作は、リダイレクトを使って行います。

演算子を使ったリダイレクトには、次のようなルールがあります。

◉ データは、左から右に処理されます。
◉ ファイルディスクリプタ番号1（標準出力）は省略できます。
◉ リダイレクト指示には演算子（記号や番号）を使用します。
◉ リダイレクト（出力）を指定した時は、処理よりも先にファイルが生成されます。

リダイレクトに利用する演算子は、次の表の通りです。

演算子	説明
>	左辺の結果を右辺の出力先にする
>>	左辺の結果を右辺の出力先にして、元のデータに追記する
>&	左辺の出力先を右辺の出力先と同じ設定にする
<	右辺の内容を左辺に入力する

リダイレクトを使った例として、処理結果（標準出力）をファイルに出力しています。リダイレクトに指定されたファイルは、存在していなければ新たに作成されます。ファイルが既に存在している時は、出力結果は上書きされます。

```
taro@localhost:~$ echo "Hello" > stdout.txt
taro@localhost:~$ cat stdout.txt
Hello
taro@localhost:~$ echo "World" > stdout.txt
taro@localhost:~$ cat stdout.txt
World
```

追記する時は、演算子を追記演算子に変更して実行します。追記演算子を使った時でも、ファイルが存在しない時は、新たに作成されます。

```
taro@localhost:~$ echo "Hello" > stdout.txt
taro@localhost:~$ cat stdout.txt
Hello
taro@localhost:~$ echo "World" >> stdout.txt
taro@localhost:~$ cat stdout.txt
Hello
World
```


出力結果のストリームが異なる（標準出力と標準エラー出力）時、それぞれに対応したリダイレクトを使用する必要があります。指定がないストリームは、画面に結果が出力されます。

```
taro@localhost:~$ ls ./ /test
ls: cannot access '/test': No such file or directory
./:
id_rsa.pub  stdout.txt
taro@localhost:~$ ls ./ /test > stdout.txt 2> stderr.txt
taro@localhost:~$ cat stdout.txt
./:
id_rsa.pub
stderr.txt
stdout.txt
taro@localhost:~$ cat stderr.txt
ls: cannot access '/test : No such file or directory
```

標準出力および標準エラー出力の 2 つのストリームを、1 つのストリームに統合して出力する時にも、リダイレクトを使います。次の例は、標準エラー出力のファイルディスクリプタ「2」を、標準出力のファイルディスクリプタ「1」に変更している例です。

```
taro@localhost:~$ ls ./ /test > stdout.txt 2>&1
taro@localhost:~$ cat stdout.txt
ls: cannot access '/test': No such file or directory
./:
id_rsa.pub
stderr.txt
stdout.txt
```

07-4 パイプライン

パイプラインは、「172..」ことができます。

本来は、画面に出力される結果を、画面に出さずに別のプロセスで処理させることができるという意味になります。パイプラインを使うと、処理途中の結果を中間ファイル（1 次ファイル）に出力することなく、複数のコマンドを組み合わせて、目的の結果にたどり着くことができます。パイプラインという言葉は、省略して「パイプ」ともいいます。

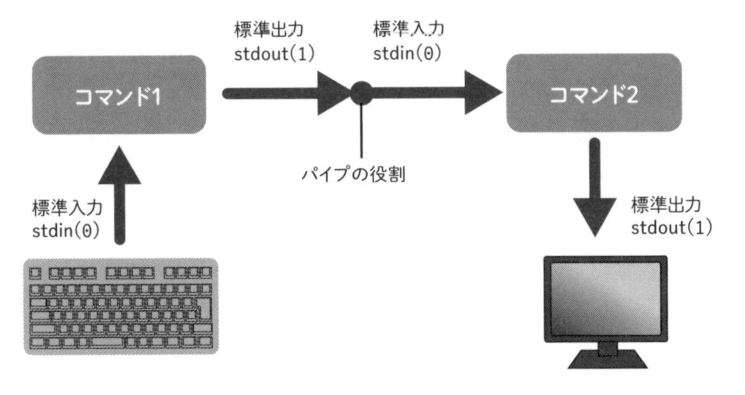

パイプラインには、無名パイプと名前付きパイプの 2 つがあります。

●名前付きパイプ

名前付きパイプは、「mkfifo」コマンドを使って、パイプファイルとしてファイルシステム内に作ることができます。したがって、名前付きパイプは、中間ファイルが存在しています。

利用方法は、2つのターミナルからの操作が基本で、片方のターミナルから名前付きパイプのファイルに出力し、もう一方のターミナルで、名前付きパイプからコマンド1の出力をコマンド2の入力にします。

次の例では、「echo」コマンドの結果を名前付きパイプの「pipe」ファイルに出力しています。「pipe」ファイルから、出力を取り出すまでプロンプトは止まったままです。

```
taro@localhost:~$ mkfifo pipe
taro@localhost:~$ ls -l pipe
prw-rw-r-- 1 taro taro 0 Dec  6 01:29 pipe
taro@localhost:~$ echo "Hello" > pipe
```

別のターミナルから名前付きパイプの出力を取り出します。パイプの出力を取り出す時は、標準入力を使います。

```
taro@localhost:~$ sed 's/Hello/GoodBye/' < pipe
GoodBye
```

作成した名前付きパイプのファイルは、パイプの利用後もファイルシステムに残ったままとなり、別の処理で再利用も可能です。不必要である時は、ファイルの削除を行います。

●無名パイプ

無名パイプは、コマンドとコマンドの間に「|（バーティカルライン）」を使って指定します。名前付きパイプのように、ファイルとして存在しているわけではないので、パイプの利用が終わるとパイプの役割は消滅します。パイプは、コマンドとコマンドの間に記述するだけで、組み合わせる数に制限はありません。また、フィルタを使ったテキスト処理だけでなく、様々な場面でLinuxのコマンドライン操作を手助けする大変便利な機能です。

```
taro@localhost:~$ echo "Hello" | sed 's/Hello/GoodBye/'
GoodBye
```

07-5 正規表現

正規表現は、「173..」する方法です。文字列パターンの記述は、通常の文字、数字を表す記号文字（a～z、1～9、$\!#などの記号）およびメタキャラクタ（文字の意味以外の特殊な意味を持つ記号$\!#など）を組み合わせて構成します。

正規表現を活用すると、多くの文字列を含む文章から、特定の文字列パターンを的確に見つけることができます。

UNIXの標準であるPOSIXでは、正規表現の種類として、

- ◉ 単純正規表現（SRE:Simple Regular Expressions）
- ◉ 基本正規表現（BRE:Basic Regular Expressions）
- ◉ 拡張正規表現（ERE:Extended Regular Expressions）

の３種類の記法が用意されています。

一般的に正規表現といった時は、基本正規表現（BRE）が当てはまります。

正規表現で利用されるメタキャラクタには、次のようなものが挙げられます。

メタキャラクタ	意味	記述例（BRE）
[<Chr>]	[] 内のどれか一字	[ABCXYZ]
[<Chr>-<Chr>]	文字クラス（範囲指定）	[A-CX-Z]
.	任意の１文字	SAM.LE
^<Strings>	指定文字列が行頭にある	^abAB
<Strings>$	指定文字列が行末にある	abAB$
[^<Chr>]	指定文字以外	[^a-z]
\(<Strings>\)	グループ化	\(sample\)
|	文字やパターンの選択	a|z|\(sample)
\{n,m\}	直前文字の繰り返し（n 回以上、m 回以下）	sle\{2,1\}p

「\（バックスラッシュ）」に続く文字が、特殊な意味を持つ時もあります。

正規表現	意味	他の記述方法
\d	半角数字	[0-9]
\D	半角数字以外	[^0-9]
\u	半角英大文字	[A-Z]
\U	半角英大文字以外	[^A-Z]
\l	半角英小文字	[a-z]
\L	半角英小文字以外	[^a-z]

メタキャラクタの記号を文字として扱う時には、「\（バックスラッシュ）」に続けてメタキャラクタを記述します。文字として扱いたいメタキャラクタが連続して使われている時でも、それぞれのメタキャラクタ

の前に「\」が必要です。メタキャラクタが連続している「^$」は、次のように表記します。

```
\^\$
```

また、正規表現を利用するコマンドによっては、引用符（「"（ダブルクォーテーション）」や「'（シングルクォーテーション）」）で囲う必要がある時もあります。

正規表現は、ワイルドカードに似ている部分もありますが、記述方法や意味合いが違うこともあるので注意する必要があります。

拡張正規表現は、正規表現で表すことが難しいものを、比較的簡単に表現できるようにした記述方式です。

正規表現（BRE）	拡張正規表現（ERE）	意味
\{1,\}	+	直前の文字が 1 回以上
\{,1\}	?	直前の文字が 0 回か 1 回の繰り返す
\{n\}	{n}	直前の文字を n 回繰り返す
\{n,\}	{n,}	直前の文字を n 回以上繰り返す
\{n,m\}	{n,m}	直前の文字が n 回以上、m 回以下繰り返す
\(<Strings>\)	(<Strings>)	文字列のグループ化
|			いずれかの条件（OR）

● sed

「sed」コマンドは、「174……………………………………」ストリームエディタです。スクリプトコマンドの中では、正規表現を利用することができます。それ以外にも、パイプやファイルからの入力ストリームに対して変更を実施することができます。

「sed」コマンドの基本形式は、次の通りです。

```
sed [option…] scriptcommand [<File>…]
```

主なオプション	説明
-e	実行するコマンドにスクリプトを追加
-f	スクリプトのファイルを指定
-i	ファイルに上書き
-E	スクリプトに拡張正規表現を利用
-n	処理した行だけ表示
-s	複数の入力ファイルを１つのストリームとして扱わない

スクリプトコマンドは、「アドレス」と「コマンド」の組み合わせで処理を指定するものです。

アドレスには、行番号や正規表現の指定ができ、アドレスを省略すると全ての行が対象となります。

主なスクリプトコマンド	説明
=	現在の行番号を表示
a <Strings>	指定した位置の後ろに Strings を追加
i <Strings>	指定した位置の前に Strings を挿入
c <Strings>	指定した行をテキストで置換
q	これ以上を入力せずに終了(出力情報の残りは出力)
Q	これ以上を入力せずに終了
d	指定した行を削除
p	処理した内容を出力
s/<regexp>/<replacement>/	パターン(regexp) に該当した内容を replacement に置換
y/<source>/<dest>/	文字単位の置換

次の例では、出力文字列の置換を行っています。

```
staro@ubuntu:~$ echo -e "Hello\\nWorld\\nLinux"
Hello
World
Linux
taro@ubuntu:~$ echo -e "Hello\\nWorld\\nLinux" | sed -e 's/
World/WORLD/'
Hello
WORLD
Linux
```

● find

「find」コマンドは、「175 ……………………………………」します。

検索条件には、固定の文字列やワイルドカード以外に、正規表現、ファイルのタイムスタンプ関連、および属性値を指定できます。

条件を多く指定できるため、より高度にファイルやディレクトリを検索することができます。

検索自体は、ファイルシステム内を順に検索していくため、ファイル数の多い環境や「/ （ルートディレクトリ）」を起点に検索した時は、時間を要することもあります。

「find」コマンドの基本形式は、次の通りです。

```
find [option…] [-Olevel] [starting-point…] [expression]
```

主なオプション	意味
-H	シンボリックリンクを追跡しない（指定された時は除く）
-L	シンボリックリンクを追跡する
-P	シンボリックリンクを決して追跡しない

主な条件指定	説明
-name <pattern>	パターンと一致するファイル（ワイルドカードの指定可）
-regex <pattern>	パターンと一致するファイル（正規表現の指定）
-type <type>	ファイルタイプの指定（f/d/l など）
-perm <mode/-mode>	パーミッションの指定（8 進数指定、文字列指定）
-size <n[cwbkMG]>	ファイルサイズが n（単位指定可）バイト以上
-mtime <n>	最終更新日時が n 日前
-atime <n>	最終アクセス日時が n 日前
<expr1> -and <expr2>	複数の条件に全て該当するファイル
<expr1> -or <expr2>	複数の条件のいずれかに該当するファイル
-not <expr>	条件に該当しないファイル
-exec <command> {} +	検索結果の対象を command にまとめて引数にする
-exec <command> ;	検索後に command を実行する
-exec <command> {} \;	検索結果の対象をコマンドの引数にする

ユーザーの権限によって検索できないディレクトリは、「Permission denied」エラーが出力されます。多くの場所を検索するような時は、エラーで画面を覆ってしまうので、標準エラー出力を「NULL デバイス（何も処理しない）」にリダイレクトすると、成功した検索結果だけが得られます。

```
taro@localhost:~$ find /etc -name "int*" 2> /dev/null
/etc/default/intel-microcode
/etc/kernel/preinst.d/intel-microcode
/etc/apparmor.d/abstractions/apparmor_api/introspect
/etc/modprobe.d/intel-microcode-blacklist.conf
/etc/network/interfaces
taro@localhost:~$ find /usr/share -type f -regex ".*gr.p" -exec
ls -l {} \;
-rw-r--r-- 1 root root 837 Feb  2  2020 /usr/share/bash-
completion/completions/ngrep
-rw-r--r-- 1 root root 1210 Feb  2  2020 /usr/share/bash-
completion/completions/pgrep
```

grep

正規表現を使うと、「find」コマンドのようにファイルの検索だけではなく、「176..」ことができます。

「grep」コマンドは、ファイルの内容やコマンドの出力結果にパターンマッチを適用して、出力結果をフィルタすることができます。検索パターンには、正規表現、拡張正規表現あるいは完全一致パターンを指定することができます。

パターンの指定方法は、オプションで指定することができます。また、対象は、同時に複数のファイルや標準出力を対象にすることができます。

「grep」コマンドの基本形式は、次の通りです。

```
grep [option…] patterns [<File>…]
```

主なオプション	説明
-r	ディレクトリを再帰的に検索実施
-v	パターンに該当しない行を表示
-i	大文字・小文字の区別をしない
-E	拡張正規表現を使用（「egrep」コマンドと同じ）
-F	正規表現を無効化（「fgrep」コマンドと同じ）

パターンを含むファイルの検索や大量の出力結果から、指定文字列のフィルタを実行する例は、次の通りです。

```
taro@localhost:~$ grep -r imaps /etc 2> /dev/null 〔※4〕
/etc/bindresvport.blacklist:993 # imaps
/etc/services:imaps       993/tcp               # IMAP over SSL
taro@localhost:~$ ip addr show | grep inet
    inet 127.0.0.1/8 scope host lo
    inet6 ::1/128 scope host
    inet 192.168.120.26/24 brd 192.168.120.255 scope global
dynamic enp0s3
    inet6 fe80::a00:27ff:fe80:f5b4/64 scope link
```


〔※4〕/dev/nullは、出力結果を全て捨て去る特殊デバイスです。

08 ファイル操作

ファイルシステムで、ファイルやディレクトリ（フォルダ）の作成・複製・移動・名前の変更などの操作をファイル操作といいます。ファイル操作は、１つのファイルシステム内で行われる処理もあれば、別のファイルシステムに対する操作も含まれています。

ファイル操作は、Linux に限らずにコンピュータ OS を扱う上で、必ず必要になる操作の１つです。

08-1 ファイルとディレクトリ

Linux のディレクトリは、ファイルの１種として扱われます。ただし、一般的にいわれるファイルとは利用用途が違うため、ファイルとディレクトリの違いは理解しておく必要があります。

●ファイル

ファイルは、コンピュータが扱うデータの単位のことで、

- アプリケーションのデータファイル
- 実行プログラム
- ライブラリ

などの目的に応じたデータの集合を表すものです。ファイルの内容は、「テキストファイル」と「バイナリファイル」に分類することができ、「テキストファイル」は、人が読める「文字や数字、記号」で構成されたファイルです。「バイナリファイル」は、コンピュータが読むことができるファイルです。

Linuxの扱う標準ファイルシステム〔※5〕では、ファイル名の「177..」として扱います。基本的には、ほとんどの文字を利用することができますが、特殊な文字（シェルが別の意味で解釈する記号等）は、利用することはできません。

また、ファイル名やディレクトリ名の先頭が「.（ドット）」から始まると、「178..」ようになります。

ファイルやディレクトリの情報は、「ls」コマンドで確認することができます。「ls」コマンドに引数をつけずに実行した時は、カレントディレクトリの情報を表示します。

詳細情報を表示するオプションを利用すると、ファイルの種類のほかに、所有者（オーナー）と権限（パーミッション）の情報などを確認することができます。

ここで表示されるファイルの種類とは、データの内容（画像ファイルやプログラムなど）とは異なる、Linux上で機能的に分類している種類のことをいいます。

「ls」コマンドの基本形式は、次の通りです。

```
ls [option…] [<File>…]
```

〔※5〕ext2/3/4など

主なオプション	説明
-l	詳細情報を一覧形式で表示
-d	ディレクトリを表示対象にする
-h	ファイルサイズを単位付きで表示
-r	逆順で表示
-i	inode 情報を表示
-a	隠し属性ファイルを含めて表示

詳細情報で確認できる内容は、次の通りです。

種類	—
パーミッション	rw-r--r--.
リンク数	1
所有者	taro
グループ所有者	staff
サイズ (byte)	670293
タイムスタンプ(更新日時)	Aug 7 16:57
ファイル名	services

引数にディレクトリを指定すると、カレントディレクトリ以外の情報も取得できます。また、表示される情報は指定したディレクトリ内に含まれるファイルの情報です。指定したディレクトリ情報を表示したい時は、「-d」オプションを使用します。

```
taro@localhost:~$ ls -l /home/taro
total 12
-rw-rw-r-- 1 taro taro 577 Dec  2 04:34 id_rsa.pub
prw-rw-r-- 1 taro taro   0 Dec  6 01:33 pipe
-rw-rw-r-- 1 taro taro  53 Dec  3 08:21 stderr.txt
-rw-rw-r-- 1 taro taro  90 Dec  6 01:00 stdout.txt
taro@localhost:~$ ls -ld /home/taro
drwxr-xr-x 4 taro taro 4096 Dec  7 00:19 /home/taro
```

●ディレクトリ

ディレクトリは、ファイルを整理する保管場所です。Linuxにあらかじめ用意されているディレクトリを除いて、ディレクトリは、書き込みの許可されたファイルシステム内に、自由に作成することができます。

ディレクトリは、「179……………………………………………………………………………………」になります。

Windowsなどでは、フォルダという名称で使われていますが、ほとんど同じ意味〔※6〕を持っています。

カレントディレクトリ

カレントディレクトリは、ユーザーの作業ディレクトリです。CUIを使った操作では、必ずどこかのディレクトリで作業をしています。カレントディレクトリの移動は、「cd」コマンドで指定します。

「cd」コマンドの基本形式は、次の通りです。

```
cd [directory path]
```

「cd」コマンドは、引数をつけずに実行すると、ユーザーのホームディレクトリに移動します。場所を指定するディレクトリパスは、絶対パスと相対パスのどちらも利用できます。

〔※6〕複数のディレクトリを、用途でまとめたものをフォルダという時もあります。

```
taro@ununtu:~$ cd /var/tmp/
taro@ununtu:/var/tmp$ pwd
/var/tmp
taro@ununtu:/var/tmp$ cd ..
taro@ununtu:/var$ pwd
/var
taro@ununtu:/var$ cd
taro@ununtu:~$ pwd
/home/taro
```

FHS（File Hierarchy Standard）〔※7〕

複数あるLinuxのディストリビューションによって、ディレクトリ階層やファイルの配置場所をそれぞれ任意の場所にしてしまうと、ディストリビューションに依存してしまいます。また、ディストリビューションの移行作業には、それぞれのLinuxの構成の理解から始める必要があり、大きなコストがかかります。

FHSは、「180...」を定めたもので、FHSに準拠しているLinuxを使用すると、異なるディストリビューションであっても、ディレクトリやファイルの場所に関しては、同じファイルであることが多いため、システム管理を容易にする手順が確立できます。

主なディレクトリ階層は、次の通りです。

〔※7〕https://refspecs.linuxfoundation.org/FHS_3.0/fhs/index.html

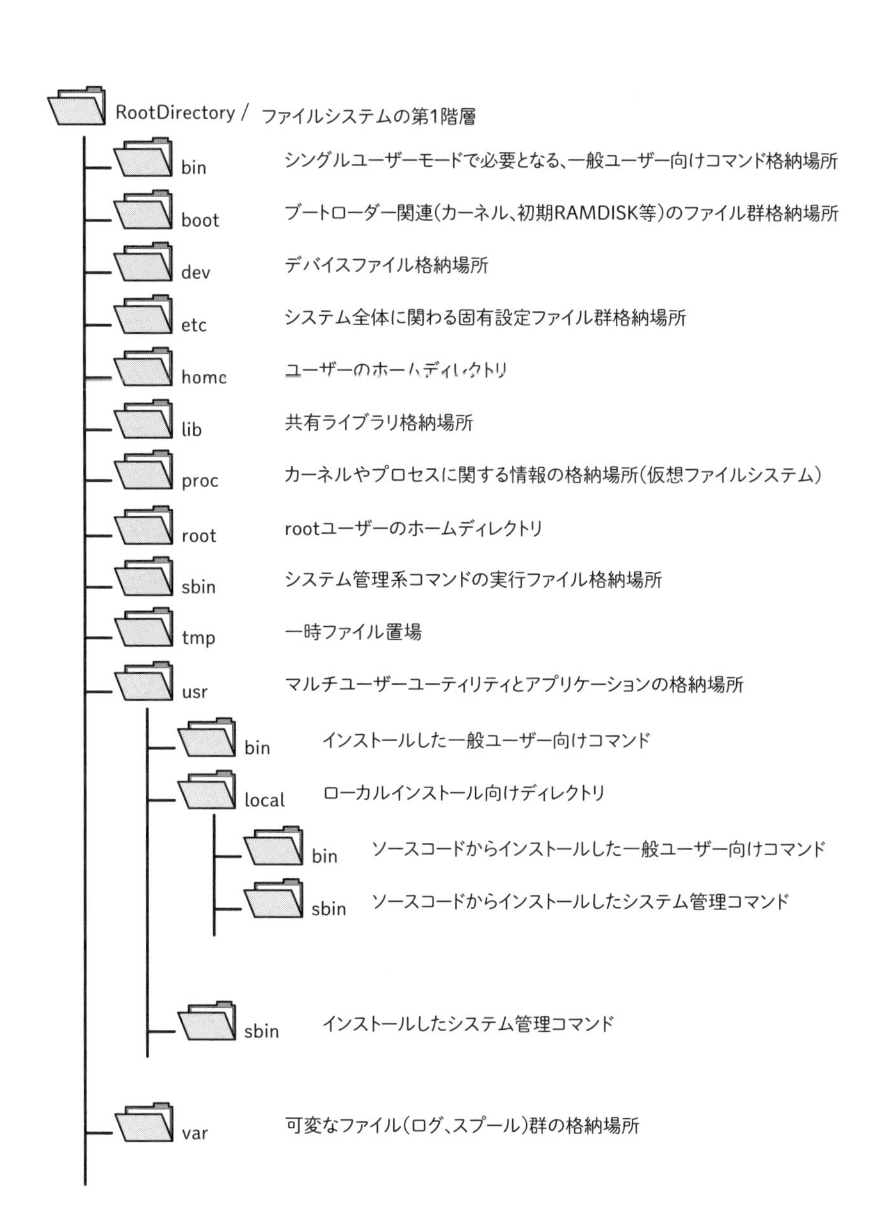
RootDirectory /
ファイルシステムの第1階層
bin
シングルユーザーモードで必要となる、一般ユーザー向けコマンド格納場所
boot
ブートローダー関連(カーネル、初期RAMDISK等)のファイル群格納場所
dev
デバイスファイル格納場所
etc
システム全体に関わる固有設定ファイル群格納場所
home
ユーザーのホームディレクトリ
lib
共有ライブラリ格納場所
proc
カーネルやプロセスに関する情報の格納場所(仮想ファイルシステム)
root
rootユーザーのホームディレクトリ
sbin
システム管理系コマンドの実行ファイル格納場所
tmp
一時ファイル置場
usr
マルチユーザーユーティリティとアプリケーションの格納場所
bin
インストールした一般ユーザー向けコマンド
local
ローカルインストール向けディレクトリ
bin
ソースコードからインストールした一般ユーザー向けコマンド
sbin
ソースコードからインストールしたシステム管理コマンド
sbin
インストールしたシステム管理コマンド
var
可変なファイル(ログ、スプール)群の格納場所

08-2 ファイル所有者

Linuxの扱うファイルおよびディレクトリに記録されている属性の1つです。

ファイルやディレクトリを作成した、ユーザー情報であるID番号（UID,GID）を使って管理しています。

記録されたファイル所有者、グループ所有者の2つの属性値は、ファイルやディレクトリに対するアクセス制御に利用することができます。

●所有者変更

ファイルおよびディレクトリが持つ属性値1つであるファイル所有者、グループ所有者は、「chown」コマンドで変更（「特権ユーザー（root）」で実行する）できます。

ファイル作成時は、実際にファイルを作成したユーザー属性になりますが、所有者変更は柔軟なアクセス制御を設定する際に必要な時があります。

「chown」コマンドの基本形式は、次の通りです。

```
chown [option…] <owner>[:<group>] <File>…
```

主なオプション	意味
-c	変更内容を表示
-R	再帰的に変更を実施
-h	シンボリックリンクの所有者（グループ所有者）を変更

ファイルおよびディレクトリの所有者変更は、特権ユーザー（root）で実行する必要があります。一般ユーザーは、権限がないため、この属

性値の変更はできずにエラーとなります。

```
taro@localhost:~$ ls -l stdout.txt
-rw-rw-r-- 1 taro taro 90 Dec  6 01:00 stdout.txt
taro@localhost:~$ sudo chown root stdout.txt
taro@localhost:~$ ls -l stdout.txt
-rw-rw-r-- 1 root taro 90 Dec  6 01:00 stdout.txt
taro@localhost:~$ chown taro stdout.txt
chown: changing ownership of 'stdout.txt': Operation not
permitted
```


08-3 パーミッション

ファイルおよびディレクトリの操作に関して、許可することができる権限のことをいいます。パーミッションとして、割り当てることができる権限の意味は、次のリストのようにファイルとディレクトリで違いがあります。

- ファイル：データの読み取り権限 / ディレクトリ：配下のファイルリストの取得権限（r）
- ファイル：データの書き込み権限 / ディレクトリ：配下へファイル作成権限（w）
- ファイル：ファイルの実行権限 / ディレクトリ：配下への移動権限（x）
- 権限なし（—）

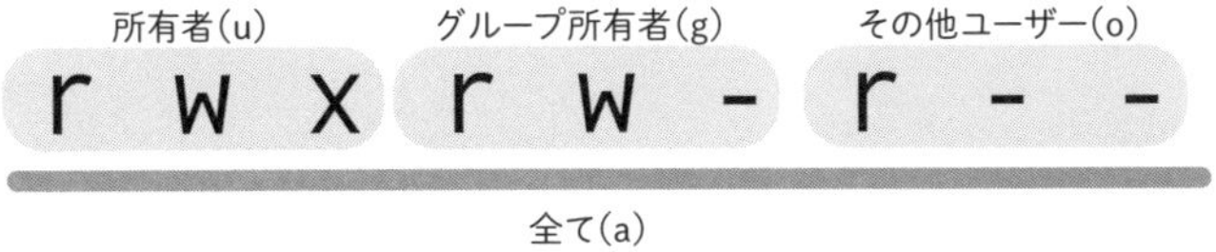

所有者(u)　グループ所有者(g)　その他ユーザー(o)

r w x r w - r - -

全て(a)

3つ権限（rwx）は、「181……………………………………………………………」のカテゴリで、割り当てることができます。

割り当てた結果は、「ls -l」コマンドによって確認できます。

```
taro@localhost:~$ ls -l /etc/adduser.conf
-rw-r--r-- 1 root root 3028 Jul 31  2020 /etc/adduser.conf
```

●パーミッションの変更

ファイルおよびディレクトリに割り当てられている、パーミッションの変更は、「chmod」コマンドを使って指定します。パーミッションの変更対象ファイルは、「特権ユーザー（root）」ユーザーに制限はありませんが、一般ユーザーには自身が所有者のファイルのみが対象という制限があります。

パーミッションの指定方法には、「182……………………………………」の2種類が用意されています。

「chmod」コマンドの基本形式は、次の通りです。

```
chmod [option…] <mode>[,<mode>] <File>…
chmod [option…] <octal-mode> <File>…
```

主なオプション	意味
-c	変更内容を表示
-R	再帰的に変更を実施

8進数の指定

ファイル所有者、グループ所有者、その他ユーザーに対して、割り当てられているビット（rwx-）を基に8進数に変換して3桁で記述します。

パーミッション文字	r	w	x	—
2進数の値	1	1	1	0

「rwxrw-r--」と書かれたパーミッションを例にすると、パーミッションをカテゴリごとに2進数に変換すると「183……………………」となります。この3桁の2進数は、それぞれ「184………」と8進数に変換することができます。後述する特殊パーミッションを扱う時は、8進数は4桁で指定を行いますが、特殊パーミッションを扱わない時は3桁で指定が可能です。

「chmod」コマンドは、8進数を設定したいパーミッションとして指定します。

```
taro@localhost:~$ ls -l stderr.txt
-rw-rw-r-- 1 taro taro 53 Dec  3 08:21 stderr.txt
taro@localhost:~$ chmod 640 stderr.txt
taro@localhost:~$ ls -l stderr.txt
-rw-r----- 1 taro taro 53 Dec  3 08:21 stderr.txt
```

文字列指定

ファイル所有者（u）、グループ所有者（g）、その他ユーザー（o）あるいは全体（a）に対して、パーミッション文字と演算子を組み合わせて指定する方法です。8進数指定では、各カテゴリに対して同時に設定する必要がありましたが、文字列指定の時は、カテゴリ個別に設定することができます。

利用できる演算子は、次の通りです。

演算子	動作	指定例
=	指定パーミッションを登録	u=rw (rw 設定)
+	指定パーミッションを追加	g+rx (rx 追加)
-	指定パーミッションを削除	o-x (x 削除)

パーミッションをカテゴリ毎に指定する時は、「, (カンマ)」を使って区切って指定します。

```
taro@localhost:~$ ls -l stderr.txt
-rw-r----- 1 taro taro 53 Dec  3 08:21 stderr.txt
taro@localhost:~$ chmod g=rw,o+r stderr.txt
taro@localhost:~$ ls -l stderr.txt
-rw-rw-r-- 1 taro taro 53 Dec  3 08:21 stderr.txt
```

特殊パーミッション

通常利用するパーミッションには、表示されませんが、特殊な役割をもつパーミッションが用意されています。特殊パーミッションは、通常のパーミッションの「x (実行権限)」部で表現され、特殊パーミッションが適用されていると、それぞれの「x」位置にファイル所有者 (s)、グループ所有者 (s)、その他ユーザー (t) として表示されます。この時、通常のパーミッションである実行権限が与えられていない (「- (ハイフン)」で表示される) 時は、適用された特殊パーミッションを大文字で表示します。

それぞれの特殊パーミッションが持つ特徴は、次の表のようになります。

特殊パーミッション	説明
SUID (Set User ID)	ファイル：コマンドをファイル所有者の権限で実行 ディレクトリ：影響なし
SGID (Set Group ID)	ファイル：コマンドをファイルグループ所有者の権限で実行 ディレクトリ：作成ファイルの所有グループを、SGID が設定されているディレクトリの所有グループに設定
Sticky Bit	ファイル：影響なし ディレクトリ：ファイル作成者のみが削除可能

「chmod」コマンドで、特殊パーミッションを設定する時は、8 進数指定は 4 桁目の指定、文字列指定では、該当する「s」や「t」の文字を指定することで設定することができます。

特に、「root」所有の SUID は、セキュリティ事故等に繋がる可能性を持つため十分に注意して設定する必要があります。特殊パーミッションの取り外しは、8 進数の指定では行えないため、文字列指定で行います。

08-4 ファイル管理操作

ファイル管理操作は、ファイルおよびディレクトリの作成、複製、削除、移動操作をいいます。コンピュータ作業を続けていくと、日々取り扱うデータやファイルは増えていきます。同じ名前を使わなければ、データが消えることはありませんが、必要な時に素早くデータを取り出せるようにするには、ファイルの整理はとても重要です。

特に、「作成時期」、「対象者」、「用途」といった基準を用意しておくと、分類する時にもわかりやすくなります。また、ファイルやディレクトリに設定する名称等も、基準を使ったファイル管理を行う上で重要な事項です。

●ディレクトリ操作

ディレクトリの作成

「mkdir」コマンドは、「185..」を作成します。引数に指定したパスに従って、作成されるディレクトリの場所は変わります。指定するパスは、絶対パス・相対パスのどちらも使用可能です。

「mkdir」コマンドの基本形式は、次の通りです。

```
mkdir [option…] <Directory PATH>
```

主なオプション	説明
-m <mode>	指定したパーミッションのディレクトリを作成
-p	親（上位）ディレクトリを必要に応じて作成

```
taro@localhost:~$ mkdir -m 600 test2dir
taro@localhost:~$ mkdir -m a=r,u+wx,g+x test3dir
taro@localhost:~$ ls -ld test?dir
drwxrwxr-x 2 taro taro 4096 Dec  7 06:44 test1dir
drw------- 2 taro taro 4096 Dec  7 06:44 test2dir
drwxr-xr-- 2 taro taro 4096 Dec  7 06:45 test3dir
taro@localhost:~$ mkdir test1dir/a/b/c
mkdir: cannot create directory ‘test1dir/a/b/c’: No such file
or directory
taro@localhost:~~$ mkdir -p test1dir/a/b/c
taro@localhost:~$ tree test1dir/
test1dir/
└── a
    └── b
        └── c

3 directories, 0 files
```

ディレクトリの削除

「rmdir」コマンドは、指定した名前のディレクトリ（フォルダ）を削除することができます。

ただし、「186……………………………………………………………………………」必要があります。

ただし、階層構造となっているディレクトリは、オプションの利用で一括削除することができます。

「rmdir」コマンドの基本形式は、次の通りです。

```
rmdir [option…] <Directory PATH>
```

主なオプション	説明
-p	親ディレクトリを含めて削除

空のディレクトリは、ディレクトリの場所を指定することで、削除することができます。指定したディレクトリに、ファイルやディレクトリがある時は、そのディレクトリ内を空にするために整理する必要があります。ただし、ディレクトリ階層だけで構成されている時（ファイル等が他にない）には、次の例のように、全ての階層ディレクトリを削除（オプション指定なしの時は、ディレクトリ内にディレクトリが存在しているためエラー）するオプションが用意されています。

```
taro@localhost:~$ rmdir test1dir/a/b/c
taro@localhost:~$ rmdir test1dir/
rmdir: failed to remove 'test1dir/': Directory not empty
taro@localhost:~$ rmdir -p test1dir/a/b/
```

次の例は、上位のディレクトリから消そうとしてエラーとなっている例と、削除の順番を考慮してコマンドを実行している例です。

```
taro@localhost:~$ rmdir a a/b a/b/c
rmdir: failed to remove 'a': Directory not empty
rmdir: failed to remove 'a/b': Directory not empty
taro@localhost:~$ mkdir -p a/b/c
taro@localhost:~$ rmdir  a/b/c a/b a
```

●ファイル操作

ファイルのコピー

「cp」コマンドは、「187……………………………………………………………………」を作成します。引数の指定方法で、同名のコピーや別名でのコピーが可能です。また、対象のファイルは、ファイル単位でもディレクトリ単位でもコピーの対象にできます。

「cp」コマンドの基本形式は、次の通りです。

```
cp [option…] [-T] <Source PATH> <Dest PATH>
cp [option…] <Source PATH> <Dest Directory>
```

主なオプション	説明
-a	ディレクトリを含めて同じ属性を維持
-R,-r	ディレクトリを含めて再帰的にコピー
-p	パーミッション、オーナーシップ、タイムスタンプを維持
-T	宛先を通常のファイルとして扱う

コピー先のパスにファイル名を含めて指定した時は、指定したファイル名でコピーされます。これは、コピー元と違う名前にした時は、別名でコピーできるということです。同名でコピーを実施する時は、コピー先のディレクトリまでを指定するだけで、ファイル名の省略ができます。

また、ディレクトリのコピーを行う時は、再帰オプションの指定が必要です。

```
taro@localhost:~$ cp /etc/services test3dir/
taro@localhost:~$ ls test3dir/
services
taro@localhost:~$ cp /etc/services test3dir/srv.txt
taro@localhost:~$ ls test3dir/
services  srv.txt
taro@localhost:~$ cp test3dir test
cp: -r not specified; omitting directory 'test3dir'
taro@localhost:~$ cp -r test3dir test
taro@localhost:~$ ls test
services  srv.txt
```


ファイルの移動・ファイル名の変更

ファイルの移動は、「mv」コマンドを実行します。ディレクトリを変えずに「188……………………………………………………」と同じ意味になります。

「mv」コマンドの基本形式は、次の通りです。

```
mv [option…] [-T] <Source PATH> <Dest PATH>
mv [option…] <Source PATH> <Dest Directory>
```

主なオプション	説明
-i	ファイルが存在する時、上書き確認する
-u	移動元が新しい時のみ実行する

ファイルの移動は、コピーの時と異なり、移動元のファイルは無くなります。操作に慣れる前の段階では、移動先のファイルの場所が分からなくならないように、移動元と移動先の指定については、十分に確認の上実行してください。

```
taro@localhost:~$ mv test3dir/services test3dir/srv2
taro@localhost:~$ ls test3dir/
srv2  srv.txt
taro@localhost:~$ mv -i test3dir/srv.txt test3dir/srv2
mv: overwrite 'test3dir/srv2'? y
taro@localhost:~$ ls test3dir/
srv2
```

ファイルの削除

「rm」コマンドは、指定したファイルを削除することができます。「rm」コマンドで削除したファイルは、復旧はとても困難です。削除するファイルは、慎重に（必要に応じて確認オプションを有効にする）確認してください。

「rm」コマンドの基本形式は、次の通りです。

```
rm [option…] <File>…
```

主なオプション	説明
-i	削除するたびに、確認プロンプトを表示する
-f	ファイルの有無に関わらずプロンプトを表示しない
-r,-R	ディレクトリの削除やファイルの再帰的削除を行う

ディレクトリの削除は、オプション指定しないと成功しません。ディレクトリ内にファイルを含む時は、再帰的に削除する必要があります。

```
taro@localhost:~$ rm test3dir/srv2
taro@localhost:~$ rm test3dir/
rm: cannot remove 'test3dir/': Is a directory
taro@localhost:~$ rm -r test3dir/
taro@localhost:~$ rm -fr test
```

ゴミ箱の活用

「rm」コマンドは、ファイルシステムからファイルを完全に削除するため復旧が困難です。そこで、ファイルシステムからファイルを削除せずに、削除対象のファイルの存在した場所等を記録して、ゴミ箱フォルダへ移動するコマンドが、「trash-cli」パッケージとして開発されています。

インストール方法は、代表的なディストリビューションでは次のように行います。

Debian 系 Linux の場合：

```
taro@localhost:~$ sudo apt install trash-cli
```

Red Hat 系 Linux の場合：

```
[taro@localhost ~]$ sudo dnf install trash-cli
```

パッケージが提供されていない場合、github〔※8〕でソースコードが公開されています。

「trash-cli」パッケージは、次のようなコマンドで形成されています。

コマンド	説明
trash-put	指定ファイルをゴミ箱へ移動
trash-list	ゴミ箱内のファイルを閲覧
trash-restore	ゴミ箱からファイルを復元
trash-rm	ゴミ箱のファイルを完全削除
trash-empty	ゴミ箱を空にする（指定日時経過ファイルの指定も可）

〔※ 8〕 https://github.com/andreafrancia/trash-cli

09 GNU コマンド

GNU（GNU is Not Unix）とは、完全にフリーソフトウェアから構成されているソフトウェアのコレクションです。プログラミング言語で記載されたソフトウェアのソースコードは公開され、誰でも自由に使用、改造、再配布が認められています。ここで紹介するコマンドは、GNUコマンド全てではありませんが､比較的利用頻度の高いものを挙げています。

09-1 echo

引数に指定された文字列を、主に画面に出力します。

「echo」コマンドの基本形式は、次の通りです。

```
echo [option…] <String>
```

主なオプション	説明
-e	バックスラッシュエスケープの解釈を有効にする 例） \n: 改行 \t: タブ
-n	出力文字列の最後に改行（\n）を追加しない

コマンドの引数に、シェルに定義している変数名や環境変数の先頭に、「$（ドルマーク）」をつけて指定すると、変数に代入されている値

が展開されて出力されます。

ただし、変数を「'（シングルクォーテーション）」で囲んだ場合は、そのままの文字列が出力されます。（シェル操作参照）

```
taro@localhost:~$ echo "Hello\\nworld"
Hello\nworld
taro@localhost:~$ echo -e "Hello\\nworld"
Hello
world
taro@localhost:~$ echo USER
USER
taro@localhost:~$ echo $USER
taro
```


09-2 printf

文字列を整形して出力します。「189………………………………………………………………………………」します。出力する文字数や桁合わせに利用できます。

「printf」コマンドの基本形式は、次の通りです。

```
printf FORMAT <argument>…
```

主な出力変換指定子	説明
%d	符号付き整数（10 進数）
%s	文字列
%c	1 文字
%f	符号付き小数
%%	% 文字

桁合わせを行う場合、出力変換指定子の中に数値を入れます。桁未

満の時に、先頭に「0（ゼロ）」を追加したい場合は数値の前に「0」を記載します。また、スペースを含む引数を１つの引数として扱う時には、「"（ダブルクォーテーション）」で囲む必要があります。

```
zeus@DESKTOP-FG6622N:~$ var="Hello world"
zeus@DESKTOP-FG6622N:~$ printf "%s %c %03d\n" "${var}" "${var}" 10
Hello world H 010
zeus@DESKTOP-FG6622N:~$ printf "%s %c %03d\n" ${var} 10
Hello w 010
```

09-3 cat

「190……………………………………………」に出力します。複数のファイルを指定した時は、指定した順に内容が連結されます。

「cat」コマンドの基本形式は、次の通りです。

```
cat [option…] <File>…
```

主なオプション	説明
-b	空行ではない行に番号をつける
-n	全ての行に番号をつける
-s	連続した空行を１つとみなす

結果の出力は、標準出力されるだけなので元のファイルに影響はしません。ファイルに出力する時は、リダイレクトを使いますが、「191……………………………………………………………………………」ので注意してください。これは、ファイルを読み込む前に、リ

ダイレクト先のファイルを作成するためです。

```
taro@localhost:~$ cat /etc/issue
Ubuntu 20.04.3 LTS \n \l

taro@localhost:~$ cat -n /etc/issue
     1  Ubuntu 20.04.3 LTS \n \l
     2
taro@localhost:~$ cat -b /etc/issue /etc/issue.net
     1  Ubuntu 20.04.3 LTS \n \l

     2  Ubuntu 20.04.3 LTS
```


「cat」コマンドを応用すると、ヒアドキュメントを表示させることもできます。

```
taro@localhost:~$ cat << __EOL__
> Hello
> Linux
> __EOL__
Hello
Linux
```

09-4 head

テキストファイルの全体ではなく、ヘッダ部分を出力します。初期値では、10 行表示されます。

「head」コマンドの基本形式は、次の通りです。

```
head [option…] <File>…
```

主なオプション	説明
-n <Num>	指定したNum行数表示（初期値：10行）
-q	複数ファイル指定時に、ファイルごとのヘッダを表示しない

ファイル内容を、先頭だけで判断できるような時に、効果的なコマンドです。

```
taro@localhost:~$ head /etc/issue
Ubuntu 20.04.3 LTS \n \l

taro@localhost:~$ head /etc/issue.net
Ubuntu 20.04.3 LTS
taro@localhost:~$ head /etc/issue /etc/issue.net
==> /etc/issue <==
Ubuntu 20.04.3 LTS \n \l



==> /etc/issue.net <==
Ubuntu 20.04.3 LTS
taro@localhost:~$ head -q /etc/issue /etc/issue.net
Ubuntu 20.04.3 LTS \n \l

Ubuntu 20.04.3 LTS
```

09-5 tail

テキストファイルのフッタ部分を出力します。初期値では、10行表示されます。

「tail」コマンドの基本形式は、次の通りです。

```
tail [option…] <File>…
```

主なオプション	説明
-n <Num>	指定したNum行数表示（初期値：10行）
-q	複数ファイル指定時に、ファイルごとのヘッダを表示しない
-f	ファイルの内容更新に伴い、追加データを表示
-F	同じ名前のファイルを開きなおす

ファイル内容の更新を表示し続けるオプションを使用した時は、プロンプトは戻らずファイル内容の最終内容を表示したままになります。この状態で、[Enter]キーを押すと空行で改行されていきますが、ファイル自体には影響しません。

コマンドキャンセルをするには、[Ctrl]+[c]キーを使って割込み中断します。更新内容の表示を継続させると、「192 ....」ことができます。

「tailf」や「less +F」コマンドも同じ動作を行うコマンドやコマンドオプションです。

```
taro@localhost:~$ tail -n 5 /etc/services
dircproxy       57000/tcp           # Detachable IRC Proxy
tfido           60177/tcp           # fidonet EMSI over telnet
fido            60179/tcp           # fidonet EMSI over TCP

# Local services
taro@localhost:~$ tail -f /var/log/syslog
Dec  8 04:39:33 localhost systemd[1]: phpsessionclean.service:
Succeeded.
Dec  8 04:39:33 localhost systemd[1]: Finished Clean php
session files.
Dec  8 04:51:51 localhost systemd[1]: Starting Cleanup of
Temporary Directories...
Dec  8 04:51:51 localhost systemd[1]: systemd-tmpfiles-clean.
service: Succeeded.
```

```
taro@localhost:~$ tail -n 5 /etc/services
dircproxy       57000/tcp           # Detachable IRC Proxy
tfido           60177/tcp           # fidonet EMSI over telnet
fido            60179/tcp           # fidonet EMSI over TCP

# Local services
taro@localhost:~$ tail -f /var/log/syslog
Dec  8 04:39:33 localhost systemd[1]: phpsessionclean.service: 
Succeeded.
Dec  8 04:39:33 localhost systemd[1]: Finished Clean php 
session files.
Dec  8 04:51:51 localhost systemd[1]: Starting Cleanup of 
Temporary Directories...
Dec  8 04:51:51 localhost systemd[1]: systemd-tmpfiles-clean.
service: Succeeded.
Dec  8 04:51:51 localhost systemd[1]: Finished Cleanup of 
Temporary Directories.
Dec  8 05:09:01 localhost CRON[32366]: (root) CMD (  [ -x /usr/
lib/php/sessionclean ] && if [ ! -d /run/systemd/system ]; then 
/usr/lib/php/sessionclean; fi)
Dec  8 05:09:33 localhost systemd[1]: Starting Clean php 
session files...
Dec  8 05:09:33 localhost systemd[1]: phpsessionclean.service: 
Succeeded.
Dec  8 05:09:33 localhost systemd[1]: Finished Clean php 
session files.
Dec  8 05:17:01 localhost CRON[32431]: (root) CMD (   cd / && 
run-parts --report /etc/cron.hourly)
```

09-6 sort

テキストファイルの内容を、「193……………………」出力します。並べ替えの基準は、フィールドに対して行うもので、1行に複数のフィールドを持っている時は、オプションで指定ができます。

フィールドとは、「,（カンマ）」や「:（コロン）」の他に、スペースやタブといった文字を使って、文字列間を区切ったものです。複数のフィールドを持っている時は、第1優先、第2優先のように、複数の並べ替え基準を設けることができます。

「sort」コマンドの基本形式は、次の通りです。

```
sort [option…] <File>…
```

主なオプション	説明
-t<Chr>	Chrを区切り文字に指定
-k<Num>	並べ替え基準のフィールド位置を指定
-n	数値として並べ替え（初期値：文字列）
-r	降順で並び替え
-b	空白行を無視
-f	大文字と小文字を区別しない
-o <File>	結果をFileに出力

基準を何も指定しない時は、第1フィールドで文字列を対象に並べ替えが行われます。

```
taro@localhost:~$ sort -t: /etc/passwd | head -n 5
_apt:x:105:65534::/nonexistent:/usr/sbin/nologin
backup:x:34:34:backup:/var/backups:/usr/sbin/nologin
bin:x:2:2:bin:/bin:/usr/sbin/nologin
daemon:x:1:1:daemon:/usr/sbin:/usr/sbin/nologin
games:x:5:60:games:/usr/games:/usr/sbin/nologin
taro@localhost:~$ sort -t: -n -k3 /etc/passwd | head -n 5
root:x:0:0:root:/root:/bin/bash
daemon:x:1:1:daemon:/usr/sbin:/usr/sbin/nologin
bin:x:2:2:bin:/bin:/usr/sbin/nologin
sys:x:3:3:sys:/dev:/usr/sbin/nologin
sync:x:4:65534:sync:/bin:/bin/sync
```

09-7 join

2つのファイルで、「194……………………………………………………………………………………」、行を結合します。2つのファイルから結合部を生成するため、次の図のように結合対象のファイルには、それぞれの同じ行に合致する文字列が必要です。

```
KEY1 ABCDEF
KEY2 123456
KEY3 ABC123
```

```
KEY1 C00001
KEY2 B00001
KEY3 A00001
```

共通フィールドがあって、行も同じ状態

```
KEY1   ABCDEF   C00001
KEY2   123456   B00001
KEY3   ABC123   A00001
```

Join結果

結合できないケースは、次の図のように結合フィールドが存在していない時や、共通のフィールドは存在していても、行番号が異なるなどが挙げられます。

```
K1   ABCDEF
K2   123456
K3   ABC123
```

```
KEY1 C00001
KEY2 B00001
KEY3 A00001
```

共通フィールドがない

```
KEY2  123456
KEY3  ABC123
KEY1  ABCDEF
```

```
KEY1 C00001
KEY2 B00001
KEY3 A00001
```

共通フィールドはあるが、行が同じではない

「join」コマンドの基本形式は、次の通りです。

```
join [option…] <File1> <File2>
```

主なオプション	説明
-e	入力フィールドが存在しない時、EMPTY で置き換える
-o <Format>	出力をフォーマットに基づく（ファイル番号 . フィールド番号）
-t <String>	区切り文字を String にする
-1 <FieldNo>	File1 の結合フィールド番号を FieldNo に指定
-2 <FieldNo>	File2 の結合フィールド番号を FieldNo に指定

何も指定しない時、第 1 フィールドを結合フィールドとして利用します。

```
taro@localhost:~$ cat label.txt
apple nagano
banana ecuador
guava okinawa
mango miyazaki
strawberry tochigi
cherry yamagata
papaya india
taro@localhost:~$ cat value.txt
35$ apple
7$ banana
94$ guava
141$ mango
22$ strawberry
94$ cherry
18$ papaya
taro@localhost:~$ join label.txt value.txt
join: value.txt:4: is not sorted: 141$ mango
join: label.txt:6: is not sorted: cherry yamagata
taro@localhost:~$ join -11 -22 label.txt value.txt
apple nagano 35$
banana ecuador 7$
guava okinawa 94$
mango miyazaki 141$
strawberry tochigi 22$
cherry yamagata 94$
papaya india 18$
```

09-8 uniq

テキストファイル内で、「195..」を取り除き（1つにまとめ）ます。

「uniq」コマンドの基本形式は、次の通りです。

```
uniq [option…] [<Input> [<Output>]]
```

主なオプション	説明
-d	重複している行のみ表示
-u	重複していない行のみ表示
-c	重複している行の出力と重複回数の表示

重複の比較は、行の前後で行われているので、重複内容が連続している必要があります。

```
taro@localhost:~$ cat uniq.txt
KEY1 C00000
KEY2 C00000
KEY2 B00000
KEY2 B00000
KEY2 B00000
KEY3 A00000
KEY3 A00001
KEY3 A00001
KEY2 C00000
KEY2 C00000
KEY3 A00000
taro@localhost:~$ uniq -c uniq.txt
      1 KEY1 C00000
      1 KEY2 C00000
      3 KEY2 B00000
      1 KEY3 A00000
```

```
       2 KEY3 A00001
       2 KEY2 C00000
       1 KEY3 A00000
taro@localhost:~$ sort uniq.txt | uniq -c
       1 KEY1 C00000
       3 KEY2 B00000
       3 KEY2 C00000
       2 KEY3 A00000
       2 KEY3 A00001
```


09-9 cut

テキストファイル内に含まれる「196...」ことができます。

指定位置は、文字列の先頭を 1 で表し、範囲は「－（ハイフン）」を使って指定することもできます。

ファイルの内容に、カンマやタブのような区切り文字を使ってフィールド扱いできる時は、フィールド単位で文字列を抽出することができます。

「cut」コマンドの基本形式は、次の通りです。

```
cut option… [<File>]
```

主なオプション	説明
-d	取り出す文字位置を指定（複数指定：「,」、範囲指定「-」）
-u	フィールドの区切り文字を指定（初期値：タブ）
-c	取り出すフィールド位置の指定（複数指定：「,」、範囲指定「-」）

文字を抽出する時は、区切り文字の指定は必要ありません。

```
taro@localhost:~$ grep -E ro.+ /etc/passwd | cut -c 1-4
root
prox
syst
taro
taro@localhost:~$ grep -E ro.+ /etc/passwd | cut -d":" -f1,7
root:/bin/bash
proxy:/usr/sbin/nologin
systemd-timesync:/usr/sbin/nologin
taro:/bin/bash
```

09-10 split

ファイルの「197……………………………………………………………………
……」ことができます。分割されたファイル名は、「xaa」、「xab」のような名前で出力されます。「split」コマンドは、テキストファイルだけではなく、バイナリファイルもサイズで分割することができます。

「split」コマンドの基本形式は、次の通りです。

```
split [option…] [File [Prefix]]
```

主なオプション	説明
-l <Integer>	指定したInteger行で分割
-b <Integer>	指定したIntegerバイトで分割（1KB:1000byte,1K:1024byte)

分割されたファイルを復元するには、「cat」コマンドとリダイレクトを使って連結します。

```
taro@localhost:~$ wc -l /etc/services
417 /etc/services
taro@localhost:~$ split -l 150 /etc/services
taro@localhost:~$ wc -l xa*
  150 xaa
  150 xab
  117 xac
  417 total
taro@localhost:~$ cat xa* > srv.txt
taro@localhost:~$ wc -l srv.txt
417 srv.txt
```


09-11 file

ファイルの「198.. 」ことができます。テストは、ファイルシステムテスト、マジックナンバーテスト、言語テストの順序で実施されますが、最初に成功したテストの結果を表示します。

「file」コマンドの基本形式は、次の通りです。

```
file [option…] <File>
```

不審なファイルや身に覚えのないファイルを扱う時、ファイルの種類を判定することで、マルウェア感染などのセキュリティ被害の低減につながります。次の例は、ファイルの拡張子「.txt」としてテキストファイルを装っている実行ファイルを判定している例です。

```
taro@localhost:~$ file readme.txt
readme.txt: ELF 64-bit LSB shared object, x86-64, version 1
(SYSV), dynamically linked, interpreter /lib64/ld-linux-x86-64.
so.2, BuildID[sha1]=2f15ad836be3339dec0e2e6a3c637e08e48aacbd,
for GNU/Linux 3.2.0, stripped
```

09-12 less

コンソールやターミナルの画面で、「199……………………………………………………
……」します。このような動作のソフトウェアを、ページャ（pager）といいます。オンラインマニュアルの表示にも使われていて、環境変数「PAGER」で指定されています。

大部分のオプションは、「less」コマンド実行後の表示中に変更することができます。

「less」コマンドの基本形式は、次の通りです。

```
less [option…] <File>
```

主なオプション	説明
-N	行番号を付与・削除
F	データ更新時に反映して表示（[Ctrl]+[c] キーで通常モード）
-p <String>	String をハイライトする

09-13 diff

ファイル間の差分を表示します。プログラムソースや設定ファイルなどで、変更箇所を見極める時に実行します。

比較元に対して、「200……………………………………………………………………」が確認できます。比較は、ファイル単位だけではなく、ディレクトリ間での比較もできます。

「diff」コマンドの基本形式は、次の通りです。

```
diff [option…] <File1> <File2>…
```

主なオプション	説明
-u	unified コンテキスト形式で表示
-N	欠落したファイルを空ファイルとして扱う
-r	ディレクトリで比較

ファイルの差分を取り出すことによって、変更箇所を理解することができます。プログラムのソースコードに対するパッチなども、「diff」コマンドによって生成することができます。

```
taro@localhost:~$ cat sample1.c
#include <stdio.h>

int main(void){
  char str[]="Hello Linux World";

  printf("string=%s\n", str);
}
taro@localhost:~$ cat sample2.c
#include <stdio.h>

int main(){
  char str[]="Hello Linux World";

  printf("string=%s\n", str);
  return 0;
```

```
}
taro@localhost:~$ diff sample1.c sample2.c
3c3
< int main(void){
---
> int main(){
6a7
>    return 0;
```

10
テキストエディタの利用

テキストエディタは、文字情報のみで構成されたファイルの編集ソフトウェアです。テキストエディタには、文字情報の編集を行う上で、検索や置換などの便利な機能が含まれています。

Linuxでは、メモや文書としてもテキストデータを扱いますが、ソフトウェア、サーバの設定を構成するファイルもテキストファイルであるため、テキストエディタの操作習得は、必須事項であるといえます。

10-1 テキストエディタ（vi）

「vi」エディタは、UNIX環境でよく利用されるテキストエディタの1つです。どのLinuxにもあらかじめインストールされていることが多く、ターミナル環境を使ってテキストファイルの作成や既存のテキストファイルの編集をすることができます。

「vi」エディタの特徴は、CUI環境での利用に加えて、操作モードが大きく2つに分かれていることが挙げられます。

操作モードには、「201……………………………………」があり、このモードを切り替えて操作します。

「vim」エディタは、「vi」の機能拡張が行われているソフトウェアで、操作方法に変わりはありません。

「vi」コマンドの基本形式は、次の通りです。

```
vi [option] <File>…
```

主なオプション	説明
+<line num>	line num 行から表示
+/<pattern>	指定 pattern の文字列の行から表示

引数で指定したファイルが存在しない時は、新規作成（保存するまでファイルは作成されません）となり、既存ファイルの時は編集となります。
「vi」エディタの起動後のモードは、コマンドモードです。

●コマンドモード

コマンドモードは、「202……………………………………………………………………………………」などの命令を実行するモードです。カーソルの移動は、矢印キーまたは[h][j][k][l]キーで行います。コマンドモードで使う[h][j][k][l]キーは、それぞれ矢印キーの[←][↓][↑][→]キーに割り当てられています。

矢印キーを使ったカーソルの移動は、1文字ずつになりますが、1文字ずつ以外にも次の図のように効率的にカーソル位置を移動できる操作方法があります。

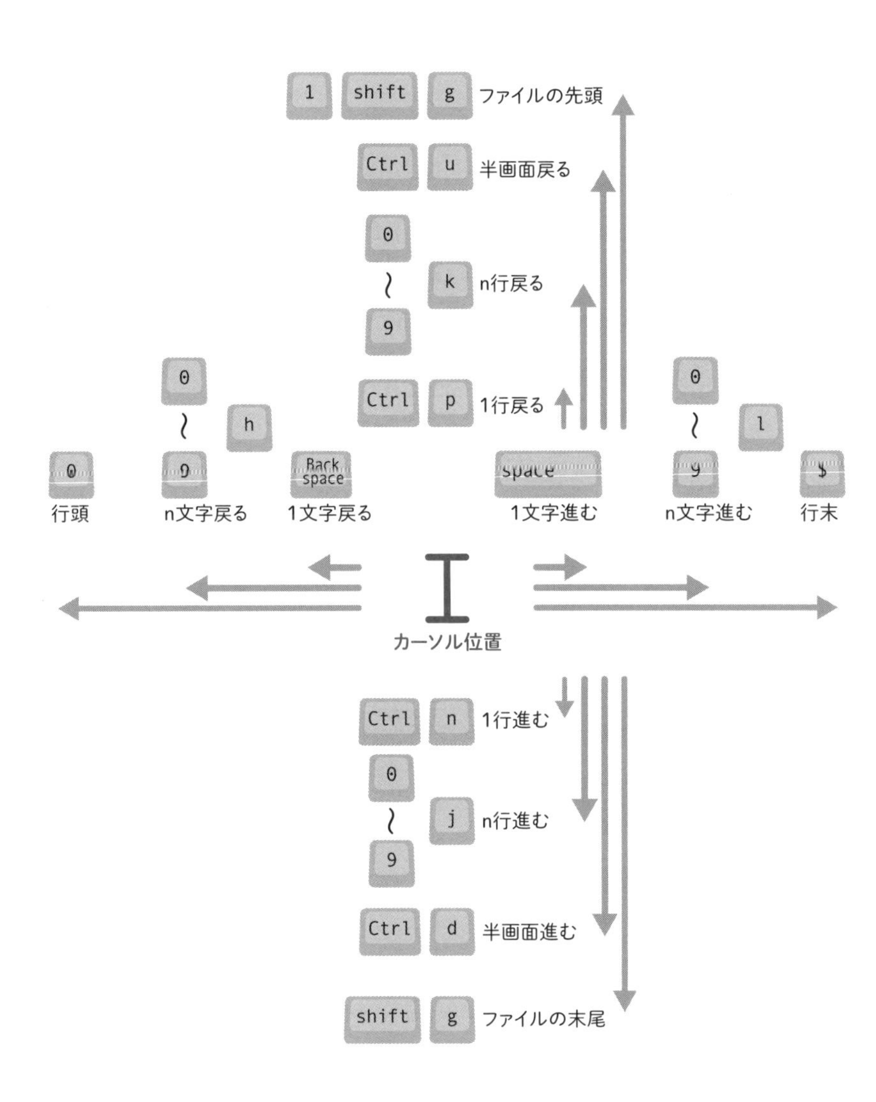

他のキーバインド	説明
[n]w	カーソルを n 語進める（n 省略時は 1）
[n]W	カーソルを n 語進める（1 語は空白で判断）
[n]b	カーソルを n 語戻す
[n]B	カーソルを n 語戻す（空白で判断）
[n]e	カーソルを n 単語の末尾へ

コマンドモード中に、「:（コロン）」を入力すると、画面左下にコマンドを入力できるプロンプトが表示されます。

プロンプトには、編集中のテキストに関する操作に加え、エディタの振る舞いを変更する操作、外部コマンドの実行などが行えます。したがって、ファイルの保存やエディタの終了は、このプロンプトに対して指示を出します。

テキストに編集操作を加えた時は、エディタの終了指示を指定しても、ファイルへの変更が加わっているために、警告メッセージが出力されて指示通りにエディタを終了できない時があります。
「保存せずに終了する」時は、編集内容を破棄する必要があるので、強制という意味の「!（エクスクラメーションマーク）」を指示の末尾に指定する必要があります。

「:」に続くコマンド	説明
q!	変更を破棄して終了
q	エディタを終了
wq	保存して終了
ZZ	保存して終了（wq と同じ）
e!	変更を破棄して、最後の保存状態に戻る
w <File>	指定した File で保存
r <File>	指定した File をカーソル位置に読み込む
set number	行番号を表示
set nonumber	行番号を非表示
set fileencordings=<code>	ファイル書き込み時の文字エンコードを指定
set all	全ての設定を表示
!<outer command>	外部コマンド実行後にエディタに戻る
r!<outer command>	外部コマンドの実行結果をエディタに反映
sh	シェルに戻る（シェル上で「exit」によりエディタに復帰）

削除（切り取り）、コピー、貼り付け

文字列の削除、コピー、貼り付け操作は、コマンドモードで行います。「vi」エディタには、基本的に「203..............................」され、見た目上削除と同じ動作になっています。

キーバインド	説明
[n]x	カーソル位置からn文字を削除（n省略時は1）
[n]X	n文字前からカーソル位置まで削除
[n]dd	カーソル位置からn行削除
d0	カーソル位置から行頭まで削除
d$	カーソル位置から行末まで削除
[n]yy	カーソル位置からn行コピー
y0	カーソル位置から行頭までコピー
y$	カーソル位置から行末までコピー
[n]p	カーソル位置にn回貼り付け
[n]P	カーソル位置の前にn回貼り付け

元に戻す（アンドゥ）、やり直し（リドゥ）、繰り返し

誤って操作した内容は、アンドゥ、リドゥ機能を使って元に戻すことができます。これらの操作もコマンドモードで行います。

キーバインド	説明
.	操作の繰り返し
u	操作のやり直し（アンドゥ）
[Ctrl]+[r]	やり直しの取り消し（リドゥ）

検索、置換

テキスト内の文字列は、文字列検索や正規表現（初期状態では、一部のメタ文字は、メタ文字として扱うためにエスケープ「\（バックスラッシュ）」が必要）を使って検索することができます。

検索や置換の対象は、ドキュメント全体だけではなく、行による範囲

指定や正規表現のパターンマッチの順番のように対象を指定するパラメータがあります。

キーバインド	説明
/<pattern>	文字列を patterm に従って文末方向に検索（n で次候補）
?<pattern>	文字列を pattern に従って文頭方向に検索(N で次候補）
%s/<ptrn>/<rep>/flg	文書全体で ptrn を rep に置換
<n>,<m>s/<ptrn>/<rep>/flg	n 行目から m 行目の範囲で置換
cw	カーソル位置の単語を入力によって置換（[ESC] キーで終了）
r	カーソル位置の文字を 1 文字変更

●入力モード

入力モードは、コマンドモードから所定のキーによって切り替えを行います。入力モードに切り替わると、キーボードから入力した文字列は、そのままエディタに反映されていきます。切り替えを行うキーに対する動作は、次の表に示すように、現在あるカーソル位置を基準に行われます。

入力モードからコマンドモードに戻る時には、[Esc] キー（[Ctrl]+[[] キー、[Ctrl]+[c] キーも同じ）を入力します。

切り替えキー	説明
i	カーソルの前に文字を入力
I	カーソルの行頭から文字を入力
a	カーソルの後に文字を入力
A	カーソルの行末から文字を入力
s	カーソル上の 1 文字を削除してから入力
S	カーソルの行を削除して入力
o	カーソルの次行に文字を入力
O	カーソルの前行に文字を入力

● vimtutor

vi エディタの拡張版である「vim」には、操作を習得するためのチュートリアルが用意されています。

チュートリアルは、全ての機能を試せるわけではないですが、基本的な機能は網羅されています。

また、一部「vi」エディタでは、利用できない機能も含まれていますが、一連の操作を学習するにはとても効果的です。

チュートリアルの呼び出しは、次の通りです。

```
taro@localhost:~$ vimtutor
```

チュートリアルは、いくつかの章で構成されています。日本語環境で実行した時は、日本語で表示されるようになっています。

```
===============================================================
=    Welcome to the VIM Tutor  -  Version 1.7      =
===============================================================
     Vim is a very powerful editor that has many commands, too
many to
     explain in a tutor such as this.  This tutor is designed
to describe
     enough of the commands that you will be able to easily use
Vim as
     an all-purpose editor.

     The approximate time required to complete the tutor is 25-
30 minutes,
     depending upon how much time is spent with
experimentation.
```

● vim

「vi」同様に Linux に標準でインストールされていることが多く、「vi」よりも高機能なテキストエディタです。bash の「alias」という機能を使って、「vi」コマンド実行時に「vim」を起動するように設定している時もあります。

次の例は、「vi」コマンド実行時に、「vim」が起動する「~/.bashrc」の抜粋です。

```
alias vi='vim'
```

「vi」との主な違い：

- コードハイライト:プログラム、マークアップ言語のカラー表示
- マルチウインドウ：画面を縦（vsplit）横（split）に分割
- ビジュアルモード：文字列の選択範囲に対して操作
- 矩形ビジュアルモード：文字列の選択を矩形範囲で選択
- ターミナル機能：ウィンドウを分割してコマンドを実行
- タブ機能：複数の編集ファイルをタブによって管理

10-2 テキストエディタの利用（その他）

● nano

Linux の標準テキストエディタに、「nano」エディタがあります。「vi」エディタほど多くの機能は持っていませんが、テキストエディタに必要な検索と置換、取り消しとやり直し、シンタックスハイライト、自動イ

ンデントなどの機能は揃っています。

「vi」エディタのように、コマンドモードや入力モードのようなモードは存在せずに、起動直後からすぐに編集作業が行えます。コマンドモードが存在していないため、カーソルの移動は矢印キーを操作して行います。

エディタ機能を使うためには、割り当てられたキーバインドからの呼び出しと、全体向け設定ファイル「/etc/nanorc」または、個人向け設定ファイル「~/.nanorc」を構成する必要があります。

キーバインドからの呼び出しは、[Ctrl] キーや [Alt] キーを使った呼び出し方法と、[F1] から [F12] キーのファンクションキーに割り当てられた機能の呼び出し方法があります。

「nano」コマンドの基本形式は、次の通りです。

```
nano [option…] <File>
```

主なオプション	説明
-v	閲覧モード
-B	バックアップファイルを作る

キーバインド	説明
[Ctrl]+[g], [F1]	ヘルプ表示
[Ctrl]+[x],[F2]	終了
[Ctrl]+[o],[F3]	ファイル保存
[Ctrl]+[j],[F4]	テキスト整列（コンソールサイズに合わせて整列）
[Ctrl]+[r],[F5]	カーソル位置にファイル読み込み / コマンド結果の挿入
[Ctrl]+[w],[F6]	検索
[Ctrl]+[y],[F7]	前ページへ移動
[Ctrl]+[v],[F8]	次のページへ移動
[Ctrl]+[k],[F9]	1 行切り取り
[Ctrl]+[u],[F10]	1 行貼り付け
[Ctrl]+[c],[F11]	カーソル位置の確認
[Ctrl]+[t],[F12]	スペルチェック（aspell が必要）

● micro

2016年にリリースされた、新しいテキストエディタです。GUIのテキストエディタが持つキーバインドが用意されているため、新しく操作体系を覚え直す手間を少なくしています。

また、[Ctrl]+[e] キーによって、画面下に表示されるプロンプトに対してエディタコマンドを実行することができます。操作可能なコマンドは、[tab] キーによって候補が出力されます。エディタコマンドを使うと、タブや画面分割などができるようになります。

「micro」コマンドの基本形式は、次の通りです。

```
micro [option…] <File>
```

主要キーバインド	エディタコマンド	説明
[Ctrl]+[q]	quit	ファイルを閉じる
[Ctrl]+[s]	save	ファイル保存
[Ctrl]+[o]	open	ファイルを開く
[Ctrl]+[a]	-	テキストの全選択
[Ctrl]+[x]	-	選択範囲の切り取り
[Ctrl]+[c]	-	選択範囲のコピー
[Ctrl]+[v]	-	貼り付け
[Ctrl]+[z]	-	元に戻す
[Ctrl]+[y]	-	やり直し
[Ctrl]+[e]	-	エディタコマンド用のプロンプト呼び出し

ターミナルソフトウェアで接続していたとしてもエディタ画面で、マウスもサポートされているので、テキストの選択やカーソル位置の指定が簡単に行えます。

また、エディタを使いやすくするためのプラグイン〔※9〕も公開されているので、拡張性も今後期待できるプロダクトです。

〔※9〕https://github.com/micro-editor/plugin-channel

11 パッケージ管理

パッケージとは、「204 .... 」の総称です。パッケージを使用すると、コマンドやアプリケーションのインストールおよびアンインストールといった、ソフトウェアの管理を簡単に行うことができます。

多くのディストリビューションは、利用するライブラリに最適化されたバイナリパッケージと、自身でビルドするプログラムソースが含まれているパッケージを、ユーザーが自由に選択して利用することができるようになっています。

多くのバイナリパッケージは、独自で配布しているものを除き、Debian GNU Linux をベースとしたディストリビューションが採用している Debian パッケージ（deb パッケージ）と Red Hat Enterprise Linux をベースとしたディストリビューションが採用している Red Hat Package Manager パッケージ（rpm パッケージ）です。

ただし、ディストリビューションで利用するライブラリバージョン等は異なるため、どの Linux でも共通のパッケージを利用できるとは限りません。

これらのパッケージは、採用しているパッケージ管理ソフトとリポジトリに収録されている内容に依存して使用できるものが限定されます。リポジトリは、これらのパッケージを各ディストリビューション向けに収録したサーバやメディアによって管理されています。

パッケージ管理ソフトウェアは、「205 ....

……………………………」の他に、「206……………………………………………………………

…………………………………………………………………………………………………

……………………」ができるようになっています。

パッケージの中には、そのパッケージにはファイルとして含まれていなくても、他のパッケージのライブラリを参照するように作られているものがあります。1つのパッケージでは解決しない状態を「207…………

…」といい、Linuxでソフトウェアを導入する時は、この関係を考慮する必要があります。

パッケージ管理ソフトウェアは、これらの依存関係を自動的に解決するツールが主流になっているので、比較的簡単にソフトウェアを導入することができます。

11-1 apt パッケージ管理

Debian GNU Linux で利用されているパッケージは、パッケージ管理ソフトウェアの1つである「apt（Advanced Package Tool）」によって操作することができます。「apt」が利用するリポジトリの情報は、「208…

……………………………」ファイルに記載します。このファイルに定義されているリポジトリサーバを対象に、パッケージ管理ソフトウェアが必要に応じてリポジトリサーバにアクセスします。

「sources.list」ファイルは、deb 行と deb-src 行で構成されています。

通常利用するパッケージは、deb 行で定義されていて、deb-src 行は Debian 向けに変更された差分を含むソースパッケージが定義されています。

「apt」を利用する Linux は、「209……………………………………………………

……………………………………………」ようになっています。したがって、リポジトリサーバに新しいソフトウェアが更新や追加されたとしても、ローカルのデータベースが更新されるまで、新しい情報にはアクセスできません。これは、新たなリポジトリサーバを追加した時も同様のことがいえます。

```
taro@localhost:~$ head /etc/apt/sources.list
# See http://help.ubuntu.com/community/UpgradeNotes for how to
upgrade to
# newer versions of the distribution.
deb http://jp.archive.ubuntu.com/ubuntu focal main restricted
# deb-src http://jp.archive.ubuntu.com/ubuntu focal main
restricted

## Major bug fix updates produced after the final release of
the
## distribution.
deb http://jp.archive.ubuntu.com/ubuntu focal-updates main
restricted
# deb-src http://jp.archive.ubuntu.com/ubuntu focal-updates
main restricted
```

● apt-get

パッケージの「210 ......」コマンドです。パッケージの操作は、システムに影響が発生するため、特権ユーザーで行う必要があります。また、パッケージのインストールでは、パッケージの依存関係が考慮されてインストールが行われます。

「apt-get」コマンドの基本形式は、次の通りです。

```
apt-get <sub-command> [<package>…]
apt <sub-command> [<package>…]
```

sub-command	説明
update	パッケージリストを取得・更新
upgrade	インストール済みパッケージの更新
install	パッケージを新規インストール
dist-upgrade	ディストリビューションをアップグレード
purge	パッケージを削除（設定ファイルも含む）
remove	パッケージを削除（設定ファイルは残す）
autoremove	利用されていないパッケージを削除

「apt」を利用するにあたって、まず実行しなければいけないことは、ローカルデータベースの更新です。他のサブコマンドは、ローカルデータベース更新後に実行することが推奨されます。

```
taro@localhost:~$ sudo apt-get update
```

● apt-cache

　パッケージ情報の「211..」コマンドです。「apt-get」コマンド同様に、サブコマンドによって動作を決定します。
「apt-cache」コマンドは、「apt-get update」によって作られたローカルデータベース（キャッシュ）にアクセスした結果を返すので、最新状態にした上で実行します。

「apt-cache」コマンドの基本形式は、次の通りです。

```
apt-cache <sub-command> <package>
apt <sub-command> <package>
```

sub-command	説明
showpkg	単一パッケージの一般情報を表示
stats	基本ステータス情報を表示
dump	パッケージに含まれる全てのファイルを表示
search	パターンによるパッケージ検索
depends <pkg>	指定したpkgの依存関係とそれを満たすパッケージの一覧表示

● apt-file

「212...」ことができます。このコマンドも、ローカルデータベースを最新状態に保った状態で実行する必要があります。

「apt-file」コマンドの基本形式は、次の通りです。

```
apt-file [option…] search <pattern>
apt-file [option…] show <package>
```

主なオプション	説明
-F	パターン全体と一致するものを対象にする
-i	大文字・小文字を区別しない
-x	パターンを正規表現として解釈する

11-2 yumパッケージ管理

Python 2系で書かれたパッケージ管理ソフトウェアです。「rpm」ファイルを収録しているサーバやメディアのリポジトリ情報から、目的のパッケージを検索して、ダウンロードおよびインストールを行います。「apt」コマンド同様に、「213...」されます。

「yum」コマンドが使うリポジトリの設定は、「/etc/yum.repos.d/<filename>.repo [※10]」に保存されています。

```
# miraclelinux-highavailability.repo

[8-latest-HighAvailability]
name=8-latest-HighAvailability
mirrorlist=https://repo.dist.miraclelinux.net/miraclelinux/mirrorlist/$releasever/$basearch/highavailability
enabled=0
gpgcheck=1
gpgkey=file:///etc/pki/rpm-gpg/RPM-GPG-KEY
```

● yum

「apt」コマンドと同様に、サブコマンドとオプションで構成されていて、実行する内容は、サブコマンドで指定します。

apt系のパッケージ管理ソフトウェアとの違いとして、「214..」ため、接続するリポジトリにあるデータを利用してソフトウェアを検索します。このため、ローカルデータベースを更新する必要はありません。

ソフトウェアのインストールは、パッケージ名が必要になるので、サブコマンドを活用して目的のパッケージ名を取り出せるようにする必要があります。

「yum」コマンドの基本形式は、次の通りです。

```
yum [option…] <sub-command> [<package>…]
```

〔※10〕ファイルは、複数用意されています。

sub-command	説明
install	指定したパッケージをインストール
remove	指定したパッケージをアンインストール
update	既存のパッケージをアップデート
list	リポジトリのパッケージ情報を一覧表示
search <keyword>	keyword でパッケージ情報を検索
grouplist	パッケージグループを表示
groupinstall <group>	指定 group インストール
whatprovides,provides	ファイル名からパッケージ名を検索

● dnf

「yum」コマンドの後継となるパッケージ管理ソフトウェアです。

Red Hat 系 Linux システムに Python 3 系が使われている時、「yum」コマンドではなく、「dnf」コマンドを実行します。基本的なサブコマンドやオプションは、「yum」コマンドとほぼ同じものが使用〔※11〕できます。

リポジトリのファイル格納場所などに変更はありません。

「dnf」コマンドの基本形式は、次の通りです。

```
dnf [option...] <sub-command> [<package>...]
```

sub-command	説明
install	指定したパッケージをインストール
remove	指定したパッケージをアンインストール
update	既存のパッケージをアップデート
list	リポジトリのパッケージ情報を一覧表示
search <keyword>	keyword でパッケージ情報を検索
grouplist	パッケージグループを表示
groupinstall <group>	指定 group インストール
whatprovides,provides	ファイル名からパッケージ名を検索

〔※ 11〕 yum から dnf への変更点について https://dnf.readthedocs.io/en/latest/cli_vs_yum.html

11-3 debパッケージ

● debパッケージ

「dpkg」コマンドを始めとした、パッケージ管理ソフトウェアで扱うことのできるパッケージファイルです。Debian系のLinuxで利用するパッケージのファイル名には、次の命名規則があります。

【deb package】

```
ipset_7.5-1ubuntu0.20.04.1_amd64.deb
```

パッケージ名　バージョン番号　アーキテクチャ

メジャーバージョン.マイナーバージョン.ビルドバージョン-リリース番号.リビジョン修飾文字列

特にアーキテクチャ部分には、利用できるCPU情報が含まれていますので、コンピュータに実装されているCPUアーキテクチャを選択する必要があります

● dpkg

debパッケージを扱う、Debianパッケージ管理ソフトウェアで、「215 ……………………………………………………」ことができる管理コマンドです。「dpkg-deb」コマンドと「dpkg-query」コマンドのフロントエンド〔※12〕としても動作します。

システムにインストールされている、ソフトウェア一覧も管理できます。

管理情報は、「/var/lib/dpkg」ディレクトリに保存されています。ただし、インストールやアンインストールにおいて、「apt」コマンドのよ

〔※12〕内部的には別プログラムを呼び出す表面上のプログラム

うに依存関係は解決できません。

「dpkg」コマンドの基本形式は、次の通りです。

```
dpkg [option…] <action>
```

主なオプション	説明
-i <package>	指定したパッケージをインストール
-r <package>	指定したパッケージをアンインストール（設定は残す）
-P <package>	指定したパッケージをアンインストール（設定も削除）
-l [<pattern>]	インストール状況一覧（dpkg-query -l と同じ）
-L <package>	パッケージに含まれるファイル一覧(dpkg-query -L と同じ)

● dpkg-reconfigure

Debian パッケージのインストール後に行われる設定について、パッケージの再設定や変更ができます。

再設定は、全てのパッケージでできるわけではなく、「debconf」を採用しているパッケージが対象になります。再設定できるパッケージの設定は、「/var/lib/dpkg/info/<package name>.config」として保存されています。

「dpkg-reconfigure」コマンドの基本形式は、次の通りです。

```
dpkg-reconfigure [option…] <package>…
```

主なオプション	説明
-a	インストール済みの設定可能なパッケージを再設定
-u	まだ回答していない設定のみ表示

11-4 rpm パッケージ

Red Hat系のLinuxでは、rpmパッケージを採用しています。rpmパッケージに対する基本操作は、「rpm」コマンドを使って行います。パッケージの操作は、「216...」ができます。

パッケージ情報の照会操作は、システムに影響を与えないため、一般ユーザーでも実行することができます。

システムにインストールされたパッケージの情報は、「/var/lib/rpm」ディレクトリ内にデータベースで管理されているため、パッケージの更新や削除といった対象にすることができます。

deb パッケージと同様に、rpm パッケージにも命名規則があります。

【rpm package】

```
ipset-7.1-1.el7.x86_64.rpm
```

パッケージ名　バージョン番号　アーキテクチャ

メジャーバージョン.マイナーバージョン.ビルドバージョン-リリース番号.リビジョン修飾文字列

● rpm

rpm パッケージを扱う、パッケージ管理ソフトウェアで、インストール、アンインストールおよび情報の照会操作を行うことができる管理コマンドです。

「rpm」コマンドを使ったソフトウェアのインストールは、依存関係を解決することはできず、不足情報を出力するだけにとどまります。

したがって、依存関係を持つソフトウェアパッケージのインストール作業を行うには、対象ソフトウェアの依存関係を事前調査して、必要に応じてソフトウェアのインストールに不足しているソフトウェアやライブラリを事前または同時にインストールする必要があります。

ソフトウェアのアンインストールも同様に、依存関係を考慮する必要があります。

依存関係により、アンインストール操作ができない時には、「217……………………………………………………」します。

ただし、依存関係によって使われているライブラリが、別のソフトウェアによって使われている可能性は十分にあるので、アンインストール作業は慎重に行う必要があります。

「dpkg」コマンドと同様に、操作するパッケージファイルが既に手元にある（ダウンロード済み等）時は、「rpm」コマンドによって操作できますが、手元にない時は別途、パッケージを取得する操作が必要になります。

「rpm」コマンドの基本形式は、次の通りです。

```
rpm [option…] <action>
```

主なオプション	説明
-i <package>	指定したパッケージを新規インストール
-U <package>	指定したパッケージを新規・アップグレードインストール
-F <package>	指定したパッケージをアップグレードインストール
-v	詳細表示
-h	「#（ハッシュ）」で進捗表示
-q <package>	指定したパッケージの情報表示
-qa	インストール済みパッケージの一覧表示
-qf <File>	指定したファイルを含むパッケージ表示
-ql <package>	インストールされたファイルの一覧表示

11-5 Source Code

Linux のソフトウェアの多くは、C 言語や C++ 言語といったプログラム開発言語を使って作られています。これらの開発言語で作られているソフトウェアは、「218...」ことで、コンピュータで動作するようになります。

deb パッケージや rpm パッケージは、既にビルド作業が行われたファイルを取り扱うものですが、ビルド環境を用意していれば、ソースコードを自分でビルドして利用することもできます。

ソースコードを利用するメリット

- 利用するシステムに最適化できる
- 利用する機能の取捨選択がバイナリレベルでできる
- 最新バージョンの利用ができる
- リポジトリに収録されていないソフトウェアの利用ができる

ソースコードを利用するデメリット

- パッケージ管理ソフトウェアの監視下にならない
- 目的の機能を動作させるビルドコンフィグレーションを正しく理解する必要がある
- ビルドの構成環境を用意する必要がある
- ビルドする手間がかかる

ソースコードは、1 ファイルで構成されているわけではなく、複数のファイルが 1 つのアーカイブとして提供されます。場合によっては、同時に圧縮されて公開されていますので、伸長・展開することもできる必要があります。

ソースコードの他に含まれるファイルとしては、次のようなものが挙げられます。

ビルド作業を行う前に、これらのドキュメントを読んだ上で、作業に取り掛かってください。

含まれるファイル	主な記載内容
AUTHORS	ソフトウェア製作者情報
COPYING	ソースファイルの配布に関する情報
CHANGES	ソフトウェアの変更履歴
INSTALL	ソースファイルのインストール方法
LICENSE	ソフトウェアの使用ライセンス情報
README	ソフトウェア紹介、製作者情報、導入方法等

●圧縮・展開

ファイルの圧縮は、「219..」ために役立ちます。圧縮は、基本的に「220..」で、利用する圧縮アルゴリズムによって圧縮率は変わります。

これに対して展開（伸長）とは、「221..」ことをいいます。

ファイル圧縮の形式は、いくつかの種類があるので、用途（相手のサポートする方式や圧縮率を考慮する）によって、使い分けすることが一般的です。

圧縮形式	特徴	概要
zip	ディレクトリ単位で圧縮可	多くの OS で利用でき、普及率が高い
gzip	Linux の標準圧縮形式	テキストデータの圧縮に適している
bzip2	gzip より高圧縮	
xz	bzip2 より高圧縮	
rar	データの復旧手段を持つ	ヨーロッパ・中国で普及
7z	zip より高圧縮	高圧縮のオープンアーキテクチャ

zip・unzip

単一またはディレクトリ内の複数ファイル（親ディレクトリは含める）を、圧縮してまとめることができる方式です。

多くのオペレーティングシステムがサポートしているため、普及率が高いことが特徴です。

データの受け渡し等で、相手が利用できる圧縮アルゴリズムが不明な時は、普及率の高さという点で選択肢の 1 つになります。

「zip」コマンドの基本形式は、次の通りです。

```
zip [option…] <zipfile> [<File>…]
```

主なオプション	説明
-r	親ディレクトリを含めて、ファイルを再帰的に圧縮
-e	圧縮ファイルにパスワードを設定
-q	情報の出力をしない

圧縮対象にディレクトリを指定すると、ディレクトリを含む配下のファイルを圧縮することができます。

```
taro@localhost:~$ zip -rq log.zip /var/log/ 2> /dev/null
```

「222……………………………………………………………………………」に

は、「zipcloak」コマンドを実行します。

「zipcloak」コマンドの基本形式は、次の通りです。

```
zipcloak [option…] <zipfile>
```

主なオプション	説明
-d	設定されているパスワードを取り外す

また、圧縮されたファイルを展開する時は、「unzip」コマンドを実行します。

「unzip」コマンドの基本形式は、次の通りです。

主なオプション	説明
-d <Directory PATH>	指定ディレクトリパスに展開

gzip・gunzip

gzip 形式は、GNU zip の略で Linux 標準の圧縮形式です。圧縮の対象は「223..............................」で、複数のファイルを 1 つにまとめる機能は提供しません。

「gzip」コマンドの基本形式は、次の通りです。

```
gzip [option…] <File>…
```

主なオプション	説明
-c	出力を標準出力にする
-S <suffix>	<suffix> を拡張子にする

圧縮時に指定されたファイルは、所有者・アクセス権・タイムスタンプを保持したまま、拡張子に「.gz」をつけたファイル名に置き換えられます。別名で圧縮する時には、リダイレクトを使います。

```
taro@localhost:~$ ls stdout.*
stdout.txt
taro@localhost:~$ gzip stdout.txt
taro@localhost:~$ ls stdout.*
stdout.txt.gz
taro@localhost:~$ gzip -c stderr.txt > stderr.gzip
taro@localhost:~$ ls stderr.*
stderr.gzip  stderr.txt
```

gzip 形式で圧縮されたファイルは、「gunzip」コマンドで展開することができます。

「gunzip」コマンドの基本形式は、次の通りです。

```
gunzip [option…] <gzipfile>
```

主なオプション	説明
-c	出力を標準出力にする
-S <suffix>	<suffix> を拡張子にする

「gunzip」コマンドは、ファイルの拡張子によってコマンドの実行が左右されます。初期値として指定できるファイルの拡張子は、「.gz」、「-gz」、「.z」、「-z」、「_z」（大文字小文字の区別はありません）です。

```
taro@localhost:~$ gunzip stderr.gzip
gzip: stderr.gzip: unknown suffix -- ignored
taro@localhost:~$ gunzip -S .gzip stderr.gzip
```

bzip2・bunzip2

gzip 形式よりも、ファイルの高圧縮アルゴリズムに、bzip2 形式があります。圧縮対象は、gzip と同じで、ファイル単体です。複数のファイルを 1 つにまとめる機能は提供しません。

「bzip2」コマンドの基本形式は、次の通りです。

```
bzip2 [option…] <File>…
```

主なオプション	説明
-c	出力を標準出力にする
-f	出力ファイルの上書き

圧縮時に指定されたファイルは、「gzip」と同様に、所有者・アクセス権・タイムスタンプを保持したまま、拡張子に「.bz2」をつけたファイル名に置き換えられます。別名で圧縮する時には、リダイレクトを使います。

```
taro@localhost:~$ bzip2 stderr.txt
taro@localhost:~$ ls stderr*
stderr  stderr.txt.bz2
taro@localhost:~$ bzip2 -c stderr > stderr.bzip2
taro@localhost:~$ ls stderr*
stderr  stderr.bzip2  stderr.txt.bz2
```

bzip2 形式で圧縮されたファイルは、「bunzip2」コマンドで展開することができます。

「bunzip2」コマンドの基本形式は、次の通りです。

```
bunzip2 [option…] <bzip2ile>
```

主なオプション	説明
-c	出力を標準出力にする
-f	出力ファイルの上書き

bunzip2」コマンドは、ファイルの拡張子によってコマンドの実行が左右されます。初期値として指定できるファイルの拡張子は、「.bz2」、「.bz」、「.tbz2」、「.tbz」です。

```
taro@localhost:~$ bunzip2 stderr.txt.bz2
```

xz・unxz

bzip2 形式よりも、ファイルの高圧縮アルゴリズムに、xz 形式があります。圧縮対象は gzip や bzip2 と同じで、ファイル単体です。複数のファイルを 1 つにまとめる機能は提供しません。

Linux カーネルのソースコードは、この形式で配布されています。

「xz」コマンドの基本形式は、次の通りです。

```
xz [option…] <File>…
```

主なオプション	説明
-c	出力を標準出力にする
-k	入力ファイルの削除を行わない
-S <suffix>	suffix に拡張子を変更する

「圧縮時に指定されたファイルは、「gzip」と同様に、所有者・アクセス権・タイムスタンプを保持したまま、拡張子に「.xz」をつけたファ

イル名に置き換えられます。別名で圧縮する時には、リダイレクトを使います。

```
taro@localhost:~$ xz -k stderr.txt
taro@localhost:~$ ls stderr*
stderr  stderr.txt  stderr.txt.xz
```

xz形式で圧縮されたファイルは、「unxz」コマンドで展開することができます。

「unxz」コマンドの基本形式は、次の通りです。

```
unxz [option…] <File>…
```

主なオプション	説明
-c	出力を標準出力にする
-f	出力ファイルの上書き
-S <suffix>	suffixに拡張子を対象にする

「unxz」コマンドは、ファイルの拡張子によってコマンドの実行が左右されます。初期値として指定できるファイルの拡張子は、「.xz」、「.lzma」、「.txz」、「.tlz」です。

```
taro@localhost:~$ unxz stderr.txt.xz
unxz: stderr.txt: File exists
taro@localhost:~$ unxz -f stderr.txt.xz
```

tar

パッケージや圧縮ファイルのことも「224……………………………」

という意味でアーカイブということが多いですが、厳密な意味のアーカイブファイルとは、「225...」のことを指します。

「tar」コマンドで作るtarアーカイブは、非圧縮で複数のファイルをまとめたファイルです。ファイルサイズを小さくする時、圧縮コマンドと併用して利用されることが一般的です。GNU版のtarコマンドは、圧縮機能を提供するフィルタも一緒に実装しているため、複数のファイルをまとめた上で圧縮することができます。

また、アーカイブの圧縮は行わずに、磁気テープなど書き込むバックアップ用途にも使用することができます。

「tar」コマンドの基本形式は、次の通りです。

```
tar [option…] [-f <archivefile>] [<File>…]
```

主なオプション	説明
-c	新規のアーカイブを作成する
-x	tarアーカイブからファイルを抽出
-t	tarアーカイブ内のフィル一覧を表示
-z	gzipにフィルタ
-j	bzip2にフィルタ
-J	xzにフィルタ

「gzip」、「bzip2」、「xz」コマンドによる圧縮は、対象ファイルが1つであるため、tarアーカイブと併用して利用すると効果的です。「tar」コマンドは、オプション指定に「-（ハイフン）」をつけなくても動作するコマンドです。

```
taro@localhost:~$ tar cf ssh_setting.tar .ssh
taro@localhost:~$ tar tf ssh_setting.tar
.ssh/
.ssh/known_hosts
.ssh/authorized_keys
taro@localhost:~$ tar czf ssh_setting.tar.gz .ssh
taro@localhost:~$ ls -lh ssh_setting.tar*
-rw-rw-r-- 1 taro taro 10K Dec 10 07:43 ssh_setting.tar
-rw-rw-r-- 1 taro taro 847 Dec 10 07:43 ssh_setting.tar.gz
```


●ソースコードの入手方法

オープンソースのソースコードは、ライセンスの条件としてソースコードの開示義務を負っているものがあります。使われているライセンスによって異なりますが、多くのオープンソースソフトウェアは、利用者が入手できるように開発者がコントロール可能な配布方法やインターネット上のサイトで公開されています。

利用者は、これらの公開されているソースコードを、ライセンスに従って利用することができます。

ソースパッケージの取得

ソースパッケージは、ソースコードを1つのまとめたアーカイブです。主にインターネットを通じて取得（ダウンロード）する必要があります。

利用しているシステムの環境（GUI/CUI）によって変わりますが、ソースパッケージの取得はいくつかの方法が利用できます。

ファイルを指定して取得

- 「wget」コマンド
- 「curl」コマンド

ブラウザを利用して取得

- テキストブラウザ（「elinks」、「w3m」など）
- Firefox や Google Chrome など（GUI ブラウザ）

FHS に従うと、ユーザープログラムのソースコードは、「/usr/local/src/」ディレクトリに配置しておくことが推奨されています。次の例では、ソースパッケージをダウンロード後に、所定の場所へ移動しています。

```
taro@localhost:~$ sudo curl -L -O  https://github.com/deater/
linux_logo/archive/refs/heads/master.zip
  % Total    % Received % Xferd  Average Speed   Time    Time
Time  Current
                                 Dload  Upload   Total   Spent    Left  Speed
100   133  100   133    0     0    403      0 --:--:-- --:--
:-- --:--:--   403
100  172k    0  172k    0     0   265k      0 --:--:-- --:--
:-- --:--:--  265k
taro@localhost:~$ unzip -q master.zip
taro@localhost:~$ sudo mv linux_logo-master/ /usr/local/src/
```

git

近年では、「GitHub」のような「226..」ことが多くなっています。「git」はバージョン管理システムで、「227..」

ソフトウェアプラットフォームです。

　このプラットフォーム上で開発されているソースコードは、開発目的だけではなく、ソースコード使用者が、目的のバージョンのソースコードを、「git」コマンドを使って入手することができます。

「GitHub」を利用する上で、いくつか事前に知っておいた方が良い用語があります。

用語	説明
リポジトリ	ファイルやディレクトリの状態を保存する場所 ローカルとリモートに分類でき、ローカルリポジトリの作業内容をリモートと同期することが一般的
クローン	リポジトリを複製すること
コミット	ファイルの追加や変更履歴をローカルリポジトリに保存
プッシュ	ローカルファイルの追加や変更履歴をリモートリポジトリと同期
プル	リモートの変更内容をローカルリポジトリに反映
ブランチ	メインの開発ラインから枝分けされたバージョン
インデックス	リポジトリで管理するファイルやディレクトリを登録したもの
コンフリクト	ローカル、リモートで変更内容を同期（マージ）できない状態

「git」コマンドを使うと、「GitHub」にあるソースコードに対して操作することができます。

「git」コマンドの基本形式は、次の通りです。

```
git [option…] <command> [<args>]
```

主な command	説明
clone	新しいディレクトリにリポジトリを複製
branch	ブランチの一覧表示、作成、削除
checkout	ワークツリーを特定のブランチやコミットに切り替え
status	変更したファイルの一覧出力
add	コンテンツをインデックスに追加
commit	変更内容をリポジトリに記録
fetch	他のリポジトリからオブジェクトのダウンロードや参照
merge	2 つ以上の開発履歴をマージ
pull	他のリポジトリやローカルブランチにマージおよび取得

ローカルディレクトリの書き込み権限によっては、「特権ユーザー(root)」で実行する必要があります。

```
taro@localhost:~$ cd /usr/local/src/
taro@localhost:/usr/local/src$ sudo git clone https://github.
com/n-t-roff/sc.git
Cloning into 'sc'...
remote: Enumerating objects: 681, done.
remote: Total 681 (delta 0), reused 0 (delta 0), pack-reused
681
Receiving objects: 100% (681/681), 367.51 KiB | 5.18 MiB/s,
done.
Resolving deltas: 100% (518/518), done.
taro@localhost:/usr/local/src$ ls
linux_logo-master sc
taro@localhost:/usr/local/src$ cd sc
taro@localhost:/usr/local/src/sc$ git branch -a
* master
  remotes/origin/HEAD -> origin/master
  remotes/origin/master
  remotes/origin/revert-10-clearok
```

●ビルド

プログラマーは、プログラマーが理解できる開発言語（C言語やJavaなど）を使って、アプリケーションとして処理する動作をソースコードに記述します。

開発言語で作成されたソースコードは、「228……………………………………………」ためのコンパイル作業が必要になります。

コンパイルの必要なソースコードは、そのままの状態ではコンピュータがプログラムとして解釈できません。したがって、ソースコードを記載した開発言語に則った「229……………………………………………」して、実行できるプログラムやライブラリにする必要があります。

Linuxの標準コンパイラには、gcc（GNU C Compiler）や、gcc-c++/g++（GNU C++ Compiler）等があります。

コンパイルされたバイナリは、複数のバイナリを組み合わせて別のバイナリを生成する時もあります。これをリンクといい、対象のファイルをリンカといいます。また、コンパイル、リンクの一連の作業をビルドといいます。

ビルド環境

C言語のビルドには、「gcc」パッケージに依存するソフトウェアを導入することで、最小限のビルド環境を用意することができます。

Ubuntuのビルド環境を作るには、次のように行います。

```
sudo apt install gcc
```

Miracle Linuxのビルド環境を作るには、次のように行います。

```
yum install gcc
```

ディストリビューションによって、インストールされるコンパイラのバージョン等は異なりますので、自分の環境ではどんなバージョンが使われているかは、把握しておく必要があります。

ビルドの実行

多くのソースパッケージには、「configure」スクリプトが同梱（自分で生成する時もあります）されています。このファイルは、シェルスクリプトで作られていて、「230..」して、その結果から「Makefile」ファイルを作成するプログラムです。

「configure」スクリプトには、ソースコードに対する任意のオプションが用意されていて、そのオプションによってソフトウェアの機能をカスタマイズすることができます。

実行する「configure」スクリプトのパスは、プログラム実行パスには無いので、ファイルのあるディレクトリで実行（必要に応じて特権ユーザーで）します。

```
./configure [<option>…]
```

場合によって、システムにインストールされているライブラリ不足で、「configure」スクリプトの実行が失敗する時もあります。その時は、必要なライブラリ環境を用意して、「configure」スクリプトを再実行します。

```
taro@localhost:/usr/local/src/sc$ sudo ./configure
Checking for make(1) ... yes
Checking for -ffloat-store ... yes
Checking for strlcpy(3) ... no
Checking for strlcat(3) ... no
Checking for -lncursesw ... yes (#include <ncursesw/curses.h>,
-I/usr/include/ncurses6, -L/usr/lib64/ncurses6)
Checking for wins_wch(3) ... yes
Checking for keyname(3) ... yes
Checking for isfinite(3) ... yes
Checking for sc(1) attr_get(3) ... yes
Checking for <stdbool.h> ... yes
```


「configure」スクリプトの実行が成功すると、テキストファイルで書かれた「Makefile」ファイルが生成されます。「Makefile」ファイルは、「make」コマンドによって参照されるファイルで、「231..」したものです。

また、「Makefile」には、動作を示したターゲットを記載している時があります。

「make」コマンドの引数として、このターゲットを指定すると、目的の作業（ビルドやインストール）を実行することができます。

「make」コマンドの実行には、別途「make」パッケージからソフトウェアをインストールしておく必要があります。

「make」コマンドの基本形式は、次の通りです。

```
make [option…] [target]
```

代表的な target	説明
install	Makefile に記述されたパスにビルドしたファイルをインストール
uninstall	インストールされたパスからファイルを削除
clean	ビルドしたファイルを削除（ソースコードは消えません）

ターゲットを省略した時は、ソースコードの展開先でビルドだけ行われます。必要なライブラリ等が欠けていた時は、ビルド途中で失敗します。

この時は、出力されているメッセージをよく読み、何が理由で失敗しているのかを究明して、対処する必要があります。大抵の場合、「コマンドが無い」、「ライブラリが無い」という原因がほとんどです。

また、「make」コマンドで指定できる「target」の項目は、開発者によって異なるので「Makefile」ファイル内を参照してください。

次の例は、「make」コマンドで、ソースコードをビルド、および所定の場所にインストールする実行コマンドです。（途中出力するメッセージは省略しています）

```
taro@localhost:/usr/local/src/sc$ sudo make
taro@localhost:/usr/local/src/sc$ sudo make install
```

インストールされたプログラムは、通常、環境変数「PATH」に登録されたディレクトリが指定されるため、どこからで実行できるようになります。

12
ディスクの管理

Linux で、ハードディスクや SSD を利用できるようにするには、基本的な事項の理解といくつかの手順が必要です。

12-1 ハードディスクの増設

●ハードディスク

ハードディスクドライブ(Hard Disk Drive) は、「232 ....」です。

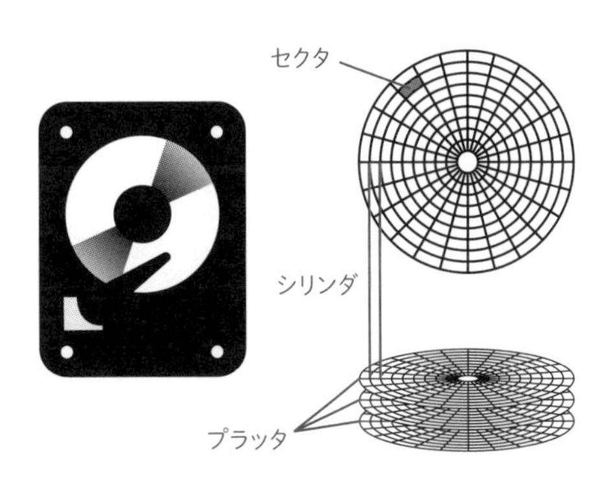

ハードディスクの構造は、データを記録するプラッタと呼ばれる磁性体が塗られた円盤が複数入っていて、磁気ヘッドで書き込み・読み出しをする仕組みになっています。プラッタは高速で回転しているので、回転中に大きな衝撃が加わると、プラッタとヘッドが接触するなどして破損やデータ消失等、動作不良の原因となることがあります。

データを読み取る最小サイズは 512 バイトで、単位はブロックです。

ハードディスクの物理的な位置は、シリンダ、ヘッド（プラッタの数だけ存在）、セクタという 3 つの番号によって特定されます。

ハードディスクを接続するインターフェースの 1 つに、パラレルインタフェースがあります。代表する規格に SCSI や ATA (IDE) などがあり、同時に複数の線でデータ転送が行われます。ATA の時は、8 本の線（同時に 8 ビットを送信）が必要なため、ケーブルは幅広です。また ATA は、マザーボードに接続できるケーブルが 2 本（1 本あたり 2 台接続）までとなっているため、最大で 4 台までしか接続できません。

もう 1 つの接続インターフェースにシリアルインタフェースがあります。代表する規格に SATA や SAS があり、データをパケットという単位へ分割して、1 本の線内を 1 ビットずつ高速転送します。パラレルインタフェースのケーブルに比べて、細い形状をしているのが特徴です。

このように、ハードディスクの接続規格には、パラレルとシリアルの 2 種類のインターフェースがありますが、現在の多くのコンピュータは、SATA 規格のシリアルインタフェースが採用されています。

SSD

SSD は Solid State Drive（ソリッドステートドライブ）の略で、ハードディスクと同様の記憶装置です。

半導体素子メモリを使ったドライブ（記憶媒体）のことをいいます。大容量のデータを保管しておく媒体としては、長年ハードディスクが使われてきましたが、ハードディスクに比べて、「233......................................」SSD の容量が大きくなってきたこともあり、急速に普及しつつあります。

コールドプラグ・ホットプラグ

コールドプラグとは、「234..」必要のあるものです。例えば、ビデオカードの

交換やメモリ増設する時は、コンピュータの電源を切断してから取り付けを行います。このように、電源の入っていない状態で、デバイスの接続や取り外しをする形態をコールドプラグといいます。

コンピュータ内のマザーボードへ接続する時は、この方式を取ります。したがって、ハードディスクやSSDの接続は、コールドプラグ方式でセットアップを行います。

USB機器は、「235 ....」ができます。この形態をホットプラグといいます。

12-2 パーティション

ハードディスクやSSD（以降ハードディスクと表記）の領域を論理的に分割することを、パーティショニングといいます。また、分割した個別の領域のことをパーティションといいます。

ハードディスク内にデータを保存するには、「236 ....」必要があります。したがって、ファイルシステムを作成する「237 ....」が必要です。

パーティションの分割には、次のようなメリットがあります。

- 1つのパーティションで発生した障害が、他のパーティションに影響しない
- 多数のファイルを作成する専用エリアを作成することが可能（専用領域）
- 1つのディスクで異なるファイルシステムを使用可能

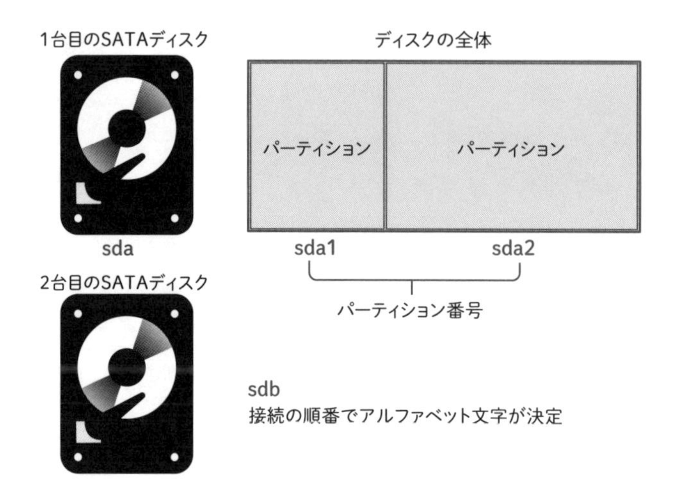

ハードディスクは、接続方式（ATA/SATA）によって「/dev」ディレクトリに格納されるデバイス名（デバイスファイル）が決定しています。パーティションは、デバイスファイル名の後に数字を付けて表します。

現在利用されている接続方式の「SATA」で接続したハードディスクは、Linux で利用するデバイス名称に「sd」の文字が使われます。ハードディスクが 2 つ接続されている環境では、次の図のように命名されていきます。また、この名前にパーティション番号も加えてデバイスにアクセスできるようになっています。

USB メモリや USB ハードディスクは、SATA と同じ命名規則に従います。

Linux で利用するパーティションは、次の 2 つの方式から選択します。

パーティション方式	特徴
MBR (Master Boot Record)	従来から使われているパーティション方式の1つ ● ほとんどのOSで利用できる ● 基本パーティションが最大4つ ● 5つ以上のパーティションには、拡張領域が必要 ● MBR（先頭512Byte）にパーティション情報を格納
GPT (GUID Partition Table)	新しいパーティション方式 ● 2TB以上のディスクをサポート ● 起動には、UEFIが必要 ● パーティション数に制限なし ● GPTヘッダの回復機構を用意 ● データ整合性のチェックが可能

● fdisk

GPT、MBR、SGI、およびBSDパーティションテーブルを作成および操作できます。実行は、特権ユーザーで行い、GUIDパーティションテーブル（GPT）を持つディスクについては、GPTサポートがまだ実験的なフェーズのため、「parted」や「gdisk」ユーティリティーの使用が推奨されています。

操作は、対話形式で進めていきます。目的に合うコマンドを指定して操作します。

「fdisk」コマンドの基本形式は、次の通りです。

```
fdisk [option…] [<device>]
```

主なオプション	説明
-l	指定したデバイスのパーティション情報を出力
-u	情報をセクタ単位で出力

パーティションの作成は、指定するデバイスにディスク全体を表すデバイス名を指定します。

```
taro@localhost:~$ sudo fdisk /dev/sdb

Welcome to fdisk (util-linux 2.34).
Changes will remain in memory only, until you decide to write
them.
Be careful before using the write command.

Device does not contain a recognized partition table.
Created a new DOS disklabel with disk identifier 0xa6cf1220.

Command (m for help):
```

「fdisk」コマンドの実行後は、「238……………………………………」でパーティションの操作を行います。対話操作時は、リアルタイムでパーティション変更操作が反映されるわけではありません。

最終的に、ディスクにパーティションレイアウト情報を書き込む命令を送った段階で、操作内容が反映されるようになっています。

次の表は、「fdisk」コマンド実行時に入力できる、主な対話コマンドです。

主な操作対象	対話コマンド	説明
MBR	a	boot flag の切り替え
General	d	パーティションの削除
	n	パーティションの追加
	p	パーティションテーブルの表示
	t	パーティションタイプの変更
Other	m	ヘルプの表示
Save & Exit	w	ディスクにパーティション情報を書き込んで終了
	q	変更を保存せずに終了
Label	g	GPT パーティションテーブルの作成
	o	DOS パーティションテーブルの作成

gdisk

「GPT fdisk（別名 gdisk）」は、パーティションテーブルの作成・操作ができます。

2TB 超えるサイズの大きなディスクでは、「GPT」方式を選択してパーティションを構成しないと、ディスクの全容量を扱えないため、この方式の利用が増えています。

また、GPT パーティションから起動するには、コンピュータが UEFI に対応している必要があります。

「gdisk」は、古いスタイルのマスターブートレコード（MBR）パーティションテーブルや、MBR キャリアパーティションなしで保存された BSD ディスクラベルを、新しい Globally Unique Identifier（GUID）パーティションテーブル（GPT）フォーマットに自動的に変換したり、GUID パーティションテーブルをロードすることができます。

操作は、fdisk 同様に対話形式で進めます。

「gdisk」コマンドの基本形式は、次の通りです。

```
gdisk [option…] [<device>]
```

主なオプション	説明
-l	指定したデバイスのパーティション情報を出力

「gdisk」コマンドの実行も「fdisk」コマンド同様に、特権ユーザーで実行します。対象デバイスも、ディスク全体を表すデバイスファイルを指定します。

```
taro@localhost:~$ sudo gdisk /dev/sdb
GPT fdisk (gdisk) version 1.0.5

Partition table scan:
  MBR: not present
  BSD: not present
  APM: not present
  GPT: not present

Creating new GPT entries in memory.

Command (? for help):
```

次の表は、「fdisk」コマンド実行時に入力できる、主な対話コマンドです。

対話コマンド	説明
b	GPT データのバックアップ
d	パーティションの削除
n	パーティションの追加
p	パーティションテーブルの表示
t	パーティションタイプの変更
w	ディスクにパーティション情報を書き込んで終了
q	変更を保存せずに終了
?	ヘルプの表示

● parted

「fdisk」コマンドと同様にパーティションの表示、操作ができるコマンドで、「239……………………………………………………………………」ができます。パーティションの拡張および縮小の操作も行うことができますが、そのパーティションにファイルシステムが既に存在している時は、ファイルシステムユーティリティー〔※13〕を使って拡張および縮小をする必要があります。ファイルシステムによっては、縮小をサポートしていないものもあるので、事前に確認が必要です。

ディスクアライメントの計算が行われるため、1クラスタ（512Byte × 8）の単位でパーティショニングされていない時、ワーニングを出力します。パーセントを使った割合の指定を行うと適切なアライメントを計算してパーティションを作成します。

「parted」コマンドの基本形式は、次の通りです。

```
parted [option…] [<device> [command [option…]…]]
```

主なオプション	説明
-l	接続している全てのディスクパーティション情報を出力
-s	対話処理せずに引数で処理を指定する

「parted」コマンドは、実行コマンドがそのまま反映されます。次の例は、MBR形式のパーティション作成で、全体ディスクのうち、20%のサイズでパーティションを作成しています。

```
taro@localhost:~$ sudo parted -s -a optimal /dev/sdb mklabel
msdos
taro@localhost:~$ sudo parted -s -a optimal /dev/sdb mkpart
primary ext3 0% 20%
```

〔※13〕ext2/3/4には、ファイルシステムユーティリティーとして「resize2fs」コマンドがあります。

13 ファイルシステム

コンピュータで扱うデータは、主にファイルとして扱われます。ファイルシステムは、保存されたデータをファイルとして、管理ならびに操作するために必要な機能を提供するものです。ファイルシステムが無ければ、データを正しく保存する（保存した位置の特定ができない）ことができません。

オペレーティングシステムによって、サポートしているファイルシステムは異なりますが、ファイルシステムを用いて、ファイルを管理しているという基本的な部分では変わりはありません。

ファイルシステムの主な機能として、ファイルの保存以外にも、ファイルの暗号化および圧縮といった機能も提供しています。

13-1 ファイルシステム

ファイルシステムの機能の１つには、「240...」があります。

ファイルシステムの初期化によって、記憶領域にクラスタが作成されて、データを格納できるようになります。

パーティションの作成直後は、ファイルシステムが無い領域の状態なので、ファイルシステムを作成する必要があります。この作業が、初期化に該当します。ファイルシステムが既に存在している時に、初期化処理を行うとファイルシステムが再構築されるため、パーティション内に含まれているデータは消えてなくなったように見えます。

次の表は、一般的なファイルシステムタイプのリストです。選択するファイルシステムによって、扱うことのできるファイルサイズやファイル数、ファイル名の長さなどの異なる特徴を持っています。

主なファイルシステム	概要
ext2	Linux で標準採用されているファイルシステム
ext3	ext2 にジャーナリング機能（作業履歴）を追加したもの
ext4	ext3 に大容量化、暗号化を追加したもの
XFS	Silicon Graphics 社によって開発されたファイルシステム
exFAT	FAT の持つ制限を超えて拡張されたファイルシステム
NTFS	暗号化、圧縮機能を持つ Windows のファイルシステム
Btrfs	Oracle 社によって開発されているファイルシステム
ISO 9660	CD-ROM のファイルシステム

● mkfs

ファイルシステムは、「mkfs」コマンドを使って、初期化（作成）することができます。全てのファイルシステムを作成できるわけではなく、Linux カーネルが利用するファイルシステムをサポートしている必要があります。

カーネルがサポートしているファイルシステムを調べるには、「/proc/filesystem」を参照します。

次の例は、「/proc/filesystem」の一部抜粋したものです。第 2 カラムに記載されているファイルシステムが、Linux カーネルがサポートしているファイルシステムです。第 1 カラムに「nodev」と記載されている時、そのファイルシステムを使ったデバイスが無いことを表しています。

```
nodev    devpts
          ext3
          ext2
          ext4
          squashfs
          vfat
```

「mkfs」コマンドの基本形式は、次の通りです。ファイルシステムを指定しない時は、「ext2」が指定されたものとして動作します。

```
mkfs [option…] [-t <type>] [fs-option…] <device>
```

主なオプション	説明
-c	実行前に不良ブロックの検査を実施

ファイルシステムの作成には、パーティションを指定します。指定するパーティションやファイルシステムについては、事前に調べておく必要があります。

```
taro@localhost:~$ sudo mkfs -t ext3 /dev/sdb1
mke2fs 1.45.5 (07-Jan-2020)
Creating filesystem with 524032 4k blocks and 131072 inodes
Filesystem UUID: d9568f52-8179-43a4-93c9-54f7d682ecd7
Superblock backups stored on blocks:
        32768, 98304, 163840, 229376, 294912

Allocating group tables: done
Writing inode tables: done
Creating journal (8192 blocks): done
Writing superblocks and filesystem accounting information: done
```

mount

ファイルシステムは、作成しただけでは利用することができません。「241 ....」必要があります。ファイルシステムをLinuxのディレクトリ階層に接続する操作を、「mount（マウント）」といいます。マウント作業は、手動で行う方法と起動のタイミングに自動で行う方法があります。

ファイルシステムを接続するディレクトリ階層に決まりはなく、「mkdir」コマンドで作成するディレクトリを対象とします。

注意点として、「242 ....」なります。

ファイル階層標準（FHS）では、リムーバブルディスク（取り外しても影響の出ないデータディスク）については、「/media」、「/mnt」、「/misc」ディレクトリにマウントすることが推奨されています。

「mount」コマンドの基本形式は、次の通りです。

```
mount [option…] [<device>] [<dir>]
```

主なオプション	説明
-a	/etc/fstab に記載しているファイルシステムをマウント
-t <fstype>	マウントするファイルシステムを指定
-o <option[,option]…>	マウントオプションを指定（/etc/fstab 参照）

指定するデバイスは、デバイスファイル名以外に、「ラベル」や「UUID」の指定ができます。UUID（Universally Unique Identifier）は固有のIDで、ディスクなどに個別な値を払い出して、一意に識別できるようにす

るものです。このIDは、「blkid」コマンドや「/dev」ディレクトリ内を見ることで、確認することができるようになっています。

```
taro@localhost:~$ blkid | grep sdb1
/dev/sdb1: UUID="d9568f52-8179-43a4-93c9-54f7d682ecd7" SEC_
TYPE="ext2" TYPE="ext3" PARTUUID="efa556e7-01"
taro@localhost:~$ sudo mkdir /mnt/sdb1
taro@localhost:~$ sudo mount -t ext3 /dev/sdb1 /mnt/sdb1/
taro@localhost:~$ mount | grep sdb1
/dev/sdb1 on /mnt/sdb1 type ext3 (rw,relatime)
```

● umount

マウントしたディレクトリの解除（ファイルシステムの切り離し）をするには、「umount（アンマウント）」を行います。ファイルシステムの修復や変更を行う時は、対象のファイルシステムをアンマウントする必要があります。特にUSBデバイスでは、物理的にデバイスを切り離すことができるので、アンマウント処理を行わないと、データの欠損が発生する時があります。

また、アンマウントの対象デバイス上にあるファイルを操作している時や、カレントディレクトリとしている時は、「target is busy」となりアンマウントすることはできません。

「umount」コマンドの基本形式は、次の通りです。

```
umount [option…] <dir>|<device> …
```

主なオプション	説明
-a	/etc/fstabに記載しているファイルシステムをアンマウント
-n	/etc/mtabに書き込みしない

アンマウントの対象は、「243 ……………………………………………………………………………………」のどちらを使っても指定することができます。

```
taro@localhost:~$ sudo umount /mnt/sdb1
```

●仮想メモリ

「仮想メモリ（スワップスペース）」は、「244 ……………………………………………………………………………………」として利用します。主にハードディスク上に作成される領域で、物理メモリ領域が不足状態に陥った時に、プログラムやプログラムが本来物理メモリ領域に格納するデータを退避するスペースです。

mkswap

仮想メモリ領域を作成するには、専用のコマンドを使って初期化する必要があります。初期化する領域は、パーティションおよび「dd」コマンドを使って作ったファイルを対象とすることができます。

「mkswap」コマンドの基本形式は、次の通りです。

```
mkswap [option…] <device>
```

主なオプション	説明
-c	実行前に不良ブロックの検査を実施

仮想メモリの領域は、一般的に「245 ……………………………………………………」が推奨値とされています。物理メモリの代替え手段といっても、速度の面から考えると、普段から利用するべきものではありません。ディスク

への I/O の速度に比例して、待ち状態を作ってしまうため、コンピュータの処理速度も急激に遅くなります。

仮想メモリが頻繁に利用される状態が続く時は、物理メモリのグレードアップなどのハードウェアのアップグレードを考慮する時期といえます。

```
taro@localhost:~$ sudo mkswap /dev/sdb1
mkswap: /dev/sdb1: warning: wiping old ext3 signature.
Setting up swapspace version 1, size = 2 GiB (2146430976 bytes)
no label, UUID=66f16e53-377d-4d37-8651-f665a32b955f
```

swapon

「246……………………………………………………………」にするコマンドです。

現在有効になっている、仮想メモリの状態も確認できます。

「swapon」コマンドの基本形式は、次の通りです。

```
swapon [option…] [<device>…]
```

主なオプション	説明
-s	仮想メモリの使用状況を表示
-a	/etc/fstab に記述されている仮想メモリを有効にする
-p <integer>	仮想メモリの優先順位を指定 (-1 から 32767)

優先順位を指定せずに、仮想メモリを有効にした時、一番優先度が低い状態で有効化されます。

```
taro@localhost:~$ swapon -s
Filename                Type        Size      Used      Priority
/swap.img               file        097148     0          -2
taro@localhost:~$ sudo swapon /dev/sdb1
taro@localhost:~$ swapon -s
Filename                  Type        Size      Used      Priority
/swap.img                 file       2097148    0           -2
/dev/sdb1               partition   2096124    0           -3
```


swapoff

「247...」するコマンドです。

一度仮想メモリが使われた状態になると、そのデータは仮想メモリ領域に存在したままになります。物理メモリに空き状態が確保できた時は、「swapoff」コマンドで仮想メモリを無効にすると、仮想メモリに存在していたデータを物理メモリに移動することができます。

「swapoff」コマンドの基本形式は、次の通りです。

```
swapoff [option…] [<device>]
```

主なオプション	説明
-a	/proc/swaps に記述されている仮想メモリを無効にする

一時的に仮想メモリが使われた時は、次のように仮想メモリデータを物理メモリに移動すると、速度低下の原因を減らすことができます。

```
taro@localhost:~$ sudo swapoff -a && sudo swapon -a
```

/etc/fstab

「/etc/fstab」ファイルは、マウントポイントの情報を含むファイルです。このファイルへマウント情報を記載しておくと、「248..」して利用できるようになります。自動マウント以外にも、普段利用するデバイス情報（USB メモリなど）を登録しておくと、「mount」コマンドの引数指定が、該当するデバイス名またはマウントディレクトリのどちらか一方の指定で済みます。

「/etc/fstab」ファイルは、システム起動時に読まれる重要なファイルなので、編集には十分に注意する必要があります。「/etc/fstab」ファイルは、次の図のように「249..」で構成しています。必要に応じてデバイスごとに記述する必要があります。

/dev/sdb1	/mnt/sdb1	ext3	defaults,ro	0	0
デバイス名 fs_spec	マウントポイント fs_file	ファイルシステムタイプ fs_vfstype	マウントオプション fs_mntopts	ダンプの対象 fs_freq	ファイルシステムのチェック順序 fs_passno

フィールド内容	説明
デバイス名	デバイス名、ラベル、UUID によるデバイス名の指定
マウントポイント	接続する Linux ディレクトリ階層を指定
ファイルシステム	対象のファイルシステムタイプを指定
マウントオプション	マウント時のオプションを指定 defaults：async/auto/dev/exec/nouser/rw/suid async：ファイルシステムの非同期入出力 auto：自動マウント対象 exec：バイナリの実行許可 ro：読み込み専用 rw：読み書き可能 suid：SUID と SGID の有効化 user：一般ユーザーによるマウント許可 users：マウント実行ユーザー以外のアンマウント許可 nouser：一般ユーザーによるマウント不許可 dev：デバイスファイルを有効化 usrquota：ユーザークォータを有効化 grpquota：グループクォータを有効化 quota：ユーザー、グループクォータを有効化

ダンプ対象	dumpコマンドのバックアップ対象（ext2/3/4のみ） 0：対象外、1：対象
チェック対象	fsckコマンドでファイルシステムの検査を実施（ext2/3/4のみ） 0：対象外、1：ルートファイルシステム、2：それ以外

実際の「/etc/fstab」は、次のように記載されています。ファイルを保存するディスク上のファイルシステム以外に、仮想メモリのデバイス情報も記載します。

```
/dev/disk/by-uuid/0a0a2ad6-57d9-496f-a668-0214c63cc1ff /boot
ext4 defaults 0 0
/swap.img       none    swap    sw      0       0
```


13-2 LVM

ディスク上に構成したパーティションは、ファイルシステム作成後に構成を変更することが非常に困難です。こうした課題を解決して、柔軟な構成変更を行うための技術が、「LVM（Logical Volume Manager）」です。

LVMは「250…………………………………………………………………………」として構成することができます。

論理的に構成した領域は、任意の個数やサイズを、パーティションのように分割して利用することができます。また、「251…………………………………………………………………………」を行うことができます。

LVMの操作は、次の図の流れで構成作業を行います。

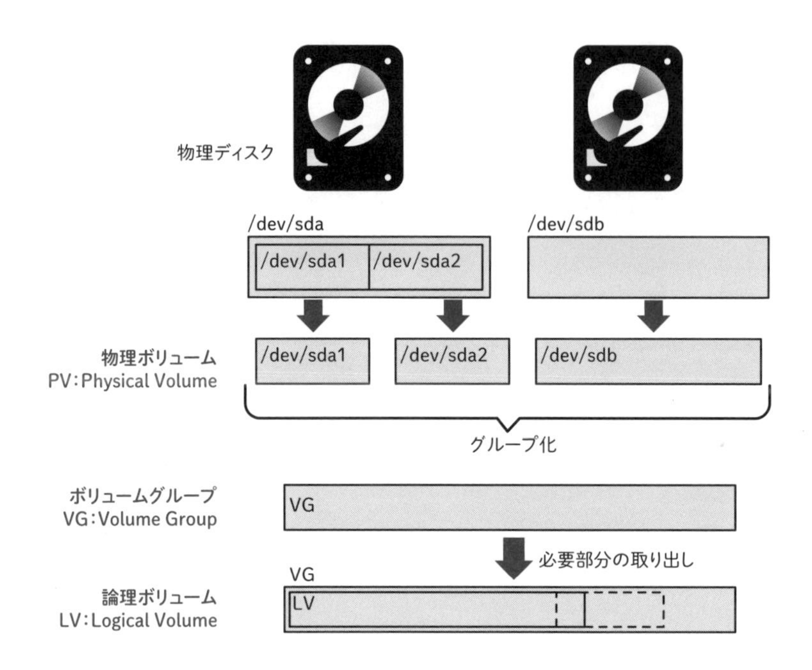

- LVMを構成する物理ボリューム（PV）を物理ディスクのパーティションから作成
- 物理ボリュームを組み合わせてボリュームグループ（VG）として登録
- ボリュームグループ（VG）から必要なサイズを論理ボリューム（LV）として設定

LVMは、次の3要素で構成されています。

●物理ボリューム（Physical Volume）

物理ボリューム（PV）は、パーティション単位で管理します。1つのディスクを1パーティションとして管理することも、複数のパーティションに分割して複数の物理ボリュームとして管理することもできます。

物理ボリュームの操作は、主に次の表にあるコマンドで行います。

PV 操作コマンド	説明
pvchange	PV 属性値の変更
pvck	PV メタデータの検査
pvcreate	デバイスから PV の作成
pvdisplay	PV 属性値の表示
pvmove	PV の PE（Physical Extent）を他の PV に移動
pvremove	PV から LVM ラベルの取り外し
pvs	PV の情報表示
pvscan	PV の一覧表示

LVM の操作を行う上で、パーティションデバイスを物理ボリュームとして登録しておく必要があります。

この作業は、以降のボリュームグループや論理ボリュームの操作で必須事項となります。

```
taro@localhost:~$ sudo pvs
  PV         VG        Fmt  Attr PSize   PFree
  /dev/sda3  ubuntu-vg lvm2 a--  <19.00g     0
taro@localhost:~$ sudo pvcreate /dev/sdb1
WARNING: swap signature detected on /dev/sdb1 at offset 4086.
Wipe it? [y/n]: y
  Wiping swap signature on /dev/sdb1.
  Physical volume "/dev/sdb1" successfully created.
taro@localhost:~$ sudo pvs
  PV         VG        Fmt  Attr PSize   PFree
  /dev/sda3  ubuntu-vg lvm2 a--  <19.00g      0
  /dev/sdb1            lvm2 ---   <2.00g <2.00g
```

●ボリュームグループ（Volume Group）

ボリュームグループ（VG）は、物理ボリューム単位で管理します。1つ以上の物理ボリュームを束ねて、グループとして登録および管理します。ボリュームグループは、必要に応じて後からでも、物理ボリュームを追加および削除することができます。

ボリュームグループの操作は、主に次の表にあるコマンドで行います。

VG 操作コマンド	説明
vgchange	VG 属性値の変更
vgck	VG メタデータの検査
vgcreate	VG の作成
vgdisplay	VG 属性値の表示
vgexport	VG を非アクティブに変更
vgextend	VG に PV を追加
vgimport	VG をアクティブに変更
vgmerge	VG を合成
vgreduce	VG から PV を削除
vgremove	VG の削除
vgrename	VG の名前変更
vgs	VG の情報表示
vgscan	VG の一覧表示

新しくボリュームグループを作成する時は、ボリュームグループの名前も含めて設定を行います。

```
taro@localhost:~$ sudo vgs
  VG        #PV #LV #SN Attr   VSize   VFree
  ubuntu-vg   1   1   0 wz--n- <19.00g     0
taro@localhost:~$ sudo vgcreate vg-test /dev/sdb1
  Volume group "vg-test" successfully created
taro@localhost:~$ sudo vgs
  VG        #PV #LV #SN Attr   VSize   VFree
  ubuntu-vg   1   1   0 wz--n- <19.00g      0
  vg-test     1   0   0 wz--n-  <2.00g <2.00g
```

既存のボリュームグループに、物理ボリュームを追加してボリュームグループを拡張することもできます。

```
taro@localhost:~$ sudo vgextend vg-test /dev/sdb2
  Physical volume "/dev/sdb2" successfully created.
  Volume group "vg-test" successfully extended
taro@localhost:~$ sudo vgs
  VG          #PV #LV #SN Attr    VSize   VFree
  ubuntu-vg     1   1   0 wz--n- <19.00g     0
  vg-test       2   0   0 wz--n-   4.99g 4.99g
```


PE（Physical Extent）

ボリュームグループは、PE（Physical Extent）を単位とした集まりで管理します。1PE のサイズの初期値は 4MB で、1 つのボリュームグループは、「252................................」の PE を扱うことができます。したがって、初期値の 4MB で「253.....................」の PE を持つボリュームグループのサイズは、256GB となります。

LVM で、1 つのボリュームグループに 256GB 以上のサイズを扱う時は、PE のサイズを変更する必要があります。

●論理ボリューム（Logical Volume）

ボリュームグループから、必要なサイズを取り出した領域を論理ボリューム（LV）といいます。ボリュームグループ内のサイズであれば、自由なサイズを指定することができます。

1 つのボリュームグループから作成する論理ボリュームは、複数作成することもできます。

作成した論理ボリュームは、パーティションのように扱うことができるので、この領域を初期化して「ファイルシステム」を作成できます。

また、論理ボリューム上に、「スナップショット」を作成すると、別論理ボリュームのバックアップを作ることができます。スナップショットの役割を持たせる論理ボリュームの大きさは、バックアップ元のサイズの 2 割程度の大きさで対応が可能です。

論理ボリュームの操作は、主に次の表にあるコマンドで行います。

LV 操作コマンド	説明
lvchange	LV 属性値の変更
lvconvert	LV レイアウトの変更
lvcreate	LV の作成
lvdisplay	LV 属性値の表示
lvextend	LV 領域にスペース（容量）を追加
lvreduce	LV 領域のスペースを縮小
lvremove	LV 領域をシステムから削除
lvrename	LV の名前変更
lvresize	LV 領域のサイズを拡大及び縮小（lvextend/lvreduce と同じ）
lvs	LV の情報表示
lvscan	全ての VG にある LV の一覧表示

論理ボリュームは、ボリュームグループから必要なサイズを指定して作成します。ファイルシステムを作る前であれば、論理ボリュームのサイズは簡単に変更できます。

```
taro@localhost:~$ sudo lvcreate -L 3G -n lv-test vg-test
  Logical volume "lv-test" created.
taro@localhost:~$ sudo lvs
  LV        VG        Attr       LSize   Pool Origin Data%
Meta%  Move Log Cpy%Sync Convert
  ubuntu-lv ubuntu-vg -wi-ao---- <19.00g
  lv-test   vg-test   -wi-a-----   3.00g
taro@localhost:~$ sudo lvextend -L 4G /dev/vg-test/lv-test
  Size of logical volume vg-test/lv-test changed from 3.00 GiB
(1536 extents) to 4.00 GiB (2048 extents).
  Logical volume vg-test/lv-test successfully resized.
```


作成後の論理ボリュームには、ファイルシステムを作成することができます。

ファイルシステム作成後の操作（マウント等）は、通常のディスク操作と同じです。

14
システム管理操作

システム管理操作は、Linux を管理者として扱うために必要な重要な知識です。Linux を操作するユーザーアカウントや、システム内の定期ジョブ、利用環境に応じたカスタマイズが行える必要があります。

14-1 アカウント管理

ユーザーは、ユーザーアカウントを使ってシステムにログインし、アクセスの許可されているファイルやアプリケーションを使用することができます。

Linux は、複数のユーザーが同時に利用できるマルチユーザー環境を提供していますが、ユーザーアカウントの種類は、管理者となる「特権ユーザー（root）」と、一般ユーザーの 2 種類で構成されています。システム管理操作の多くは、特権ユーザーを使って行いますが、そのほかのユーザーは制限を設けることができます。システム管理者にとって、多くのユーザーやグループの管理をすることも重要なタスクです。

ユーザーアカウント	概要
特権ユーザー	システムの管理者で「254........................」のユーザー（root）
一般ユーザー	root ユーザー以外で、ファイル、コマンドに制限があるユーザー
システムユーザー	一般ユーザーの 1 つで、固有のサービスを起動する専用ユーザー

●権限昇格

管理者権限を使ってLinuxを操作するには、「特権ユーザー（root）」で作業する必要があります。あらかじめ特権ユーザーでログインしている必要はなく、必要に応じて一般ユーザーから特権ユーザーへ権限昇格することができます。

特権ユーザーの操作は、Linuxの操作に対する制限を受けないため、誤操作を含めて、扱いには慎重になる必要があります。

権限昇格したコマンド操作をするには、「root」ユーザー自体に切り替えて操作する「su」コマンドと、許可された一般ユーザーが特権ユーザーの権限でコマンドを実行する「sudo」コマンドがあります。

権限昇格コマンド	説明
su	切り替え先のユーザーIDおよびパスワードが必要
sudo	対象ユーザーが「/etc/sudoers」に登録されている必要があり、許可されたコマンドを特権ユーザーの権限で実行できる

「su」コマンドの基本形式は、次の通りです。

```
su [option…] [-] [<user> [<argument>…]]
```

主なオプション	説明
-c <command>	シェルを起動せずに、commandを実行
-, -l	全ての環境変数を解除

切り替えユーザーの指定を行わない時は、「root」になります。オプション「-（ハイフン）」を利用すると、純粋にそのユーザーが、Linuxにログインした環境と同じ状態を作ることができます。

別の言い方をすると、「-」を利用せずに、ユーザーを切り替えた時は、切り替え前のユーザーが保持していた環境変数をそのまま使用します。

```
taro@localhost:~$ su -
```

もう一方の特権ユーザーコマンドの実行方法として、「sudo」コマンドがあります。「/etc/sudoers」ファイルのセキュリティポリシーを使って、「255………………………………………………………………………
………」ように構成することができます。

「sudo」コマンドの基本形式は、次の通りです。

```
sudo [opton…] [<command>|<File>]
```

<table>
<tr><th>主なオプション</th><th>説明</th></tr>
<tr><td>-u <user|uid></td><td>コマンド実行のユーザーを指定する</td></tr>
<tr><td>-g <group|gid></td><td>コマンド実行のグループを指定する</td></tr>
<tr><td>-e</td><td>指定したファイルを編集</td></tr>
</table>

「sudo」を利用できるユーザー、グループの設定および許可するコマンドについての設定は、「/etc/sudores」ファイルで定義します。エイリアスを定義すると、設定を簡素化することができます。定義することができるエイリアスは、次の表に示す４種類です。

イリアスの種類	説明
User_Alias	ユーザーの別名を定義(複数のユーザーを１つの名前で指定)
Runas_Alias	実行ユーザー、グループの別名を定義
Host_Alias	接続元の別名を定義
Cmnd_Alias	コマンドの別名を定義

エイリアスの主な記述方法は、次の通りです。

```
User_Alias <alias_name> = <user> [,<user>…]
Runas_Alias <alias_name> = <user>:<group>
Host_Alias <alias_name> = <hostname> [,<hostname>…]
Cmnd_Alias <alias_name> = <command path> [,<command path>…]
```

「/etc/sudoers」ファイルの変更は、即反映されます。

したがって、ファイル編集は、保存時に構文エラー箇所の発見と警告を表示するために、「visudo」コマンドを実行します。コマンドによって呼び出されるテキストエディタは、環境変数「EDITOR」に定義されたテキストエディタ操作と全く同じです。

グループに対して、「sudo」実行の権限を付与するには、「256..」設定します。

次の例では、全てのコマンドに対して、「admin」グループや「sudo」グループに特権ユーザーの権限でコマンド実行することを許可しています。

```
# Members of the admin group may gain root privileges
%admin ALL=(ALL) ALL

# Allow members of group sudo to execute any command
%sudo   ALL=(ALL:ALL) ALL
```

●ユーザー情報

Linuxに登録するユーザーアカウントには、「257................................」が割り当てられています。このユーザーアカウントに割り当てられている番号のことを「UID」といいます。特権ユーザーである「root」の「UID」は、必ず「0」になっています。

特権ユーザー以外のユーザーに割り当てられる「UID」は、ディストリビューションによって異なりますが、多くは「0 ～ 999」がシステムアカウント用、一般ユーザーには「1000 以降」が設定されています。

グループも同様に一意の番号が割り当てられていて、このグループ番号のことを「GID」といいます。ユーザーは、最低 1 つのグループに所属している必要があり、このグループを「プライマリーグループ」といいます。

id

ユーザー情報を確認するコマンドの 1 つです。このほかに、ユーザーに対して割り当てられている UID やパスワードに関する情報は、「258 ……………………………………………………………」に登録されます。また、GID に対応するグループ名は「/etc/group」ファイルに登録されます。

「id」コマンドの基本形式は、次の通りです。

```
id [option…] [<username|uid>]
```

引数にユーザーを指定すると、指定したユーザー情報を確認することができます。

```
taro@localhost:~$ id root
uid=0(root) gid=0(root) groups=0(root)
taro@localhost:~$ id
uid=1000(taro) gid=1000(taro) groups=1000(taro),4(adm),24(cdro
m),27(sudo),30(dip),46(plugdev),116(lxd)
```

●アカウント管理用のファイル

Linuxは、アカウントの情報をいくつかのテキストファイルに分散して管理しています。

管理情報を持ったファイルは、テキストエディタで直接変更することができますが、設定内容の整合性を保てるように、アカウント管理用のコマンド群も用意されています。

/etc/passwd

ユーザー名、id番号、ホームディレクトリおよび使用シェルなどが登録されています。以前のLinuxは、ユーザーパスワードも含めてこのファイルに暗号化した状態で登録していました。しかし、このファイルに対するパーミッションは、一般ユーザーから読み込みできてしまう極めて脆弱性の高いものでした。

「/etc/passwd」ファイルは、登録されているユーザーがLinuxにログインする時に、参照されているため、「特権ユーザー（root)」以外のユーザーも内容を見ることができます。このファイルでパスワードを管理すると、一般ユーザーの権限で他人のパスワード情報を閲覧できることになります。

したがって、パスワード情報管理は、セキュリティの観点から見て「/etc/passwd」ファイルでは管理せずに、特権ユーザーだけが読み込むことのできる「/etc/shadow」に移行しています。

ファイル内は、1行につき1ユーザーの情報が記載されていて、各フィールドは「:（コロン)」で区切られています。

「/etc/passwd」ファイルの書式は、次の通りです。

```
<username>:<password>:<uid>:<gid>:[<comment>]:<home_
dir>:<default shell>
```

現在、パスワードのフィールドについては、利用していないことを表す「x」が記載されています。

```
taro@localhost:~$ grep taro /etc/passwd
taro:x:1000:1000:taro:/home/taro:/bin/bash
```

/etc/shadow

「/etc/shadow」ファイルは、特権ユーザーだけが扱えるようにパーミッションが、「---------」や「rw-r-----」と設定されています。現在の Linux は、このファイルをユーザー管理情報の一部としてパスワード情報を含んで保存しています。

「passwd」コマンドには、「259……………………………………」、一般ユーザーが実行した時でも特権ユーザーが実行したものとして、パスワード情報を「/etc/shadow」ファイルにハッシュ化した値として書き込むことができます。

「/etc/shadow」ファイルは、「/etc/passwd」ファイルと同様に、「:(コロン)」で区切られた書式になっていますが、多くのフィールドは初期状態では空欄となっています。

「/etc/shadow」ファイルの書式は、次の通りです。

```
<username>:<encrypted password>:<last password change>:<min
password age>:<max password age>:<password warn
period>:<password inactivity period>:<account expiration
date>:<reserved>
```

/etc/group

グループ名、グループのパスワード、GID、所属しているユーザーアカウントのリストが登録されているグループ管理用のファイルです。

フィールドは、「:（コロン）」で区切られた書式で、グループに所属しているユーザーが複数いる時は、「,（カンマ）」を使って記述します。このファイルは、全てのユーザーが読み込み可能です。「/etc/passwd」ファイルと同様に、パスワードの管理は、セキュリティの観点から現在使用されていません。

「/etc/group」ファイルの書式は、次の通りです。

```
<groupname>:<group password>:<gid>:[<username>…]
```

/etc/gshadow

「/etc/passwd」ファイルと「/etc/shadow」ファイルの関係と同じで、グループパスワードにshadowパスワードが使用されている時は、「/etc/gshadow」ファイルにハッシュ化した値が書き込まれます。

このファイルの権限も「/etc/shadow」と同じです。

「/etc/gshadow」ファイルの書式は、次の通りです。

```
<groupname>:<encrypted password>:<group manager>:[<username>…]
```

/etc/skel

新たにユーザーを作成する時に、ホームディレクトリを作成するオプションを指定すると、いくつかのファイルが配置されます。配置されるファイルは、「/etc/skel」ディレクトリに配置しているファイルで、ユーザーアカウント作成と共に、作られるユーザーのファイル所有者、パーミッションでコピーされる仕組みになっています。

あらかじめシステム固有の設定を含むファイルなどを、「/etc/skel」ディレクトリに置いておくと、ユーザーの作成時に、そのファイル群がコピーされます。

●アカウント操作

アカウント操作は、ユーザー情報の追加、変更、削除操作に加えて、グループ情報の追加、変更、削除操作をいいます。

ユーザーの追加

新規にユーザーアカウントを作成するには、「useradd」コマンドを実行します。Linux のシステムで互換性を保つ時には、ユーザー名とグループ名は 8 文字以内に設定します。先頭に数字や大文字のアルファベットは、使用不可またはアプリケーションとの互換性を失います。

「useradd」コマンドの基本形式は、次の通りです。

```
useradd [option…] <username>
```

主なオプション	説明
-d <PATH>	ユーザーのホームディレクトリを PATH に設定
-g <group>	ユーザーのプライマリーグループを group に指定
-G <group[,group…]	ユーザーのサブグループを group に指定
-m	ホームディレクトリの作成指示
-k	/etc/skel に含まれるファイルをホームディレクトリにコピー
-u <uid>	ユーザーの UID 番号を uid に指定
-s <shell path>	ログインシェルを指定
-D [option…]	デフォルト値を表示

一部のオプションは、ディストリビューションによってあらかじめ有効になっている時もあります。

次の例は、新たに作るユーザーにサブグループを指定して、管理者として登録しています。また、ディストリビューションによっては、管理者グループの名前を「wheel」としている時もあります。

```
taro@localhost:~$ sudo useradd -u 2000 -G sudo jiro
taro@localhost:~$ id jiro
uid=2000(jiro) gid=2000(jiro) groups=2000(jiro),27(sudo)
```


パスワードの変更

「passwd」コマンドは、ユーザーのパスワード（shadowパスワード）を登録、更新することができます。特権ユーザーは、「260..」ことができますが、一般ユーザーは、「261..」ことができます。

設定するパスワード文字列についても、特権ユーザーが設定するパスワードは、任意の文字列が使用可能ですが、一般ユーザーが設定するパスワードは、「262..」が指定できます。また、パスワードの有効期限については、未指定の時は無期限で設定されます。

「passwd」コマンドの基本形式は、次の通りです。

```
passwd [option…] [<username>]
```

主なオプション	説明
-l <uid>	アカウントロック（特権ユーザーのみ指定可能）
-u <uid>	アカウントロックの解除（特権ユーザーのみ指定可能）

パスワードを設定すると、「/etc/shadow」ファイルに暗号化（ハッシュ化）されたパスワードが登録されます。

```
taro@localhost:~$ sudo cat /etc/shadow | grep jiro
jiro:!:18981:0:99999:7:::
taro@localhost:~$ sudo passwd jiro
New password:
Retype new password:
passwd: password updated successfully
taro@localhost:~$ sudo cat /etc/shadow | grep jiro
jiro:$6$xmoKmdsaLW1r.QML$a5yk/OQjcdieP0BjRK8r/t2XX9bWw
j9WrqtacFheiYRElf7nongQrS89zwWAb0QO.fwntyXLODkhSDb0tpw
my0:18981:0:99999:7:::
```

アカウントロックをすると、パスワードの先頭に「!（エクスクラメーションマーク）」がついて登録されます。

```
taro@localhost:~$ sudo passwd -l jiro
passwd: password expiry information changed.
taro@localhost:~$ sudo cat /etc/shadow | grep jiro
jiro:!$6$xmoKmdsaLW1r.QML$a5yk/OQjcdieP0BjRK8r/t2XX9bWw
j9WrqtacFheiYRElf7nongQrS89zwWAb0QO.fwntyXLODkhSDb0tpw
my0:18981:0:99999:7:::
taro@localhost:~$ sudo passwd -u jiro
passwd: password expiry information changed.
taro@localhost:~$ sudo cat /etc/shadow | grep jiro
jiro:$6$xmoKmdsaLW1r.QML$a5yk/OQjcdieP0BjRK8r/t2XX9bWw
j9WrqtacFheiYRElf7nongQrS89zwWAb0QO.fwntyXLODkhSDb0tpw
my0:18981:0:99999:7:::
```

ユーザーの変更

登録済みのユーザー情報である「263..」などを変更することができます。

複数のサブグループを登録する時は、既存のグループも指定しておかないと、変更に指定したグループだけで構成されるので、注意してください。

「usermod」コマンドの基本形式は、次の通りです。

```
usermod [option…] <username>
```

主なオプション	説明
-d <PATH>	ユーザーのホームディレクトリを PATH に設定
-g <group>	ユーザーのプライマリーグループを group に指定
-G <group[,group…]	ユーザーのサブグループを group に指定
-m	ホームディレクトリの作成指示
-u <uid>	ユーザーの UID 番号を uid に指定
-s <shell path>	ログインシェルを指定

ユーザーの削除

登録済みのユーザー情報を削除します。ユーザー情報を保持している各種のファイルからユーザー情報が削除されます。

削除対象のユーザーによって作成されたファイルは、「264........................

....

...................................」が、ほかのディレクトリに作成したファイルは、手動で削除する必要があります。ユーザー削除後は、ユーザー名の情報は消えてしまうのでファイルの所有者は、UID、GID が表示されます。

削除したユーザーが使っていた UID を新しく作るユーザーに割り当てた時は、その UID を所有者情報として持つファイルは、新しいユーザーの所有者ファイルとして扱われます。

セキュリティ事故を防ぐ意味でも、この点は十分に理解しておいてください。

「userdel」コマンドの基本形式は、次の通りです。

```
userdel [option…] <username>
```

主なオプション	説明
-r	ユーザーのホームディレクトリ、スプールを削除

ユーザー削除と共に削除できるファイルは、ホームディレクトリとスプールディレクトリが対象です。それ以外のディレクトリにあるファイルは、「find」コマンドで「uid」を元に検索する必要があります。

次の例は、ファイルを検索すると同時に見つかったファイルを削除しています。

```
taro@localhost:~$ sudo userdel -r jiro
taro@localhost:~$ sudo find / -uid 2000 --exec rm {} \; 2> /
dev/null
```

グループの追加

Linuxはマルチユーザーシステムなので、ユーザーアカウントをいくつも作成できます。

管理するユーザー数が多くなると、ディレクトリやファイルを個別に制限して管理することは、非常に管理者の負担が多く大変になります。

そこで、グループを使って複数のユーザーをまとめると、「265……………………………………………………………………」ため、ユーザー単位で管理するよりも負担を軽減できます。

「groupadd」コマンドは、新しいグループを「/etc/group」ファイルに登録することができます。

「groupadd」コマンドの基本形式は、次の通りです。

```
groupadd [option…] <groupname>
```

主なオプション	説明
-g <gid>	グループ id を gid に指定

グループの変更

登録済みのグループ情報を変更するには、「groupmod」コマンドを実行します。

「groupmod」コマンドの基本形式は、次の通りです。

```
groupmod [option…] <groupname>
```

主なオプション	説明
-g <gid>	グループ id を gid に指定
-n <groupname>	グループ名を groupname に指定

グループの削除

登録済みのグループ情報を削除するには、「groupdel」コマンドを実行します。削除対象のグループをプライマリーグループに指定しているユーザーが存在する時は、削除できません。

ユーザー削除と同様に、削除するグループの GID を持つファイルがある時は、そのファイルのグループ所有者には、GID が表示されます。

削除したユーザーが使っていた GID を新しく作るグループに割り当てた時は、その GID をグループ所有者情報として持つファイルは、新しいグループのグループ所有者ファイルとして扱われます。

セキュリティ事故を防ぐ意味でも、この点は十分に理解しておいてください。

「groupdel」コマンドの基本形式は、次の通りです。

```
groupdel [option…] <groupname>
```

14-2 ジョブスケジューリング

ジョブスケジューリングは、「266 ....

....

....」目的で使用します。

スケジューリングされたプログラムは、実行する順序に従ってシーケンシャルに実行していきます。このようなプロセスをバッチ処理といいます。

バッチ処理は、ユーザーに影響を与えにくい深夜帯に実行されることが多く、自動的に実行することによって管理者への負担を減らすことに役立ちます。

Linux で利用できるスケジューリング機能には、実行タイミングを定期的にする機能と、1 度だけ実行する機能があります。

● cron

定期的にジョブ実行するためのスケジューリングは、「cron」を使って実現することができます。「cron」を設定したスケジューリングで正しく動作させるためには、「267..」必要があります。

　ジョブが登録されたスケジュールの期間中に、システムが停止状態だった時は、そのジョブの実行はできません。

「cron」の登録方法は、「/etc/crontab」ファイルと「/etc/cron.d/」ディレクトリに設置するファイルの組み合わせで構成するシステム用の「cron」と、「/var/spool/cron/」ディレクトリに設置するファイルで構成するユーザー用の「cron」があります。

　ジョブを実行するプログラムは、常駐起動している「crond（cron デーモン）」です。

crond

「cron」ジョブを定期的に監視、実行するサービスプログラムです。Linux 起動時に動作するように構成されていることがほとんどですが、「crond」が停止している時は、Linux が起動していても「cron」ジョブは実行されません。

「systemd」環境では、「crond」の動作状況を「systemctl」コマンドで確認することができます。

```
taro@localhost:~$ systemctl status cron
● cron.service - Regular background program processing daemon
     Loaded: loaded (/lib/systemd/system/cron.service;
enabled; vendor preset: enabled)
     Active: active (running) since Thu 2021-12-16 01:06:02
UTC; 4 days ago
       Docs: man:cron(8)
   Main PID: 669 (cron)
      Tasks: 1 (limit: 2279)
     Memory: 4.7M
     CGroup: /system.slice/cron.service
             └─669 /usr/sbin/cron -f

Dec 20 05:39:01 localhost CRON[22258]: pam_unix(cron:session):
session closed for user root
Dec 20 06:09:01 localhost CRON[22472]: pam_unix(cron:session):
session opened for user root by (uid=0)
Dec 20 06:09:01 localhost CRON[22472]: pam_unix(cron:session):
session closed for user root
Dec 20 06:17:01 localhost CRON[22538]: pam_unix(cron:session):
session opened for user root by (uid=0)
Dec 20 06:17:01 localhost CRON[22538]: pam_unix(cron:session):
session closed for user root
Dec 20 06:25:01 localhost CRON[22559]: pam_unix(cron:session):
session opened for user root by (uid=0)
Dec 20 06:25:01 localhost CRON[22560]: (root) CMD (test -x /
usr/sbin/anacron || ( cd / && run-parts --report /etc/cron.>
Dec 20 06:25:02 localhost CRON[22559]: pam_unix(cron:session):
session closed for user root
Dec 20 06:39:01 localhost CRON[22631]: pam_unix(cron:session):
session opened for user root by (uid=0)
Dec 20 06:39:01 localhost CRON[22631]: pam_unix(cron:session):
session closed for user root
```

/etc/crontab

「/etc/crontab」ファイルは、システムのジョブをスケジューリングするためのファイルで、特権ユーザーだけが編集できます。ファイル内は、環境変数およびシェル変数の定義とスケジューリングの定義で構成されています。スケジューリングの定義は、「268..」ます。

「/etc/crontab」ファイル内には、コメントとして記述方法が書かれていますが、「269........」のフィールドで構成されています。フィールドの先頭から5個目までが、実行時間（スケジューリング）に関する設定で、残りの2つのフィールドで実行ユーザーと実行コマンドの設定を行います。

スケジューリングに利用できる値は、次の通りです。

Minute(分)	Hour(時)	Day(日)	Month(月)	Week(曜日)	username	command
0～59	0～23	1～31	1～12 Jan～Dec	0～7(0,7:Sun) Sun～Sat		

設定できる値は、1つとは限らず複数の登録が許可されています。次の表は、複数の登録に関する指定例を示したものです。

指定例	説明
* 10,12,15 * * *	10時、12時、15時（複数は、カンマ区切りで指定）
5 23 * 6-12 *	6月から12月の23時5分（範囲指定は、ハイフン指定）
*/30 * * * *	30分毎（分母で割り切れるタイミングで指定）

あらかじめ「/etc/crontab」登録されている「run-parts」コマンドは、指定ディレクトリに含まれるシェルスクリプトやプログラムを実行するコマンドです。あらかじめ用意されている定期ジョブ用のディレクトリには、時間ごと（cron.hourly）、日ごと（cron.daily）、週ごと（cron.weekly）、月ごと（cron.monthly）が用意されています。

個別のスケジューリング登録は、「テキストエディタ」を使って、ファイルの末尾（厳密には末尾である必要はありません）に追加していきます。

```
17 * * * * root cd / && run-parts --report /etc/cron.hourly
25 6 * * * root test -x /usr/sbin/anacron || (cd / && run-parts
--report /etc/cron.daily)
47 6 * * 7 root test -x /usr/sbin/anacron || (cd / && run-parts
--report /etc/cron.weekly)
52 6 1 * * root test -x /usr/sbin/anacron || (cd / && run-parts
--report /etc/cron.monthly)
```

crontab

ユーザーレベルで実行する、定期ジョブの登録や編集、削除ができます。

登録する「ユーザー用のcron」ファイル（「/var/spool/cron/ユーザー名」）は、「/etc/crontab」に似ていますが、実行するユーザーのフィールドを除いた「スケジューリング（5フィールド）、実行コマンド（1フィールド）」という形式で記述します。

ユーザーのフィールドは、登録するユーザーの権限で実行するため必要ありません。

「crontab」コマンドの基本形式は、次の通りです。

```
crontab [-u <username>] [<File>]
```

主なオプション	説明
-l	ユーザー用のcronの登録情報を表示
-e	ユーザー用のcronの編集（エディタは環境変数で指定）
-u <username>	ユーザーの指定（特権ユーザーのみ）
-r	ユーザー用のcronの削除

6個のフィールドを埋めたファイルを用意して、引数に当てることもできます。

```
taro@localhost:~$ cat for_cron
* * * * * echo hello
taro@localhost:~$ crontab -l
no crontab for taro
taro@localhost:~$ crontab for_cron
taro@localhost:~$ crontab -l
* * * * * echo hello
```


ジョブの制限

システム用の「cron」は、「run-parts」コマンドによって呼び出されるジョブファイル（シェルスクリプト）が、実行タイミングに応じた「/etc/cron.hourly」ディレクトリ（1時間単位）、「/etc/cron.daily」ディレクトリ（1日単位）、「/etc/cron.weekly」ディレクトリ（1週間単位）、「/etc/cron.monthly」ディレクトリ（1月単位）に保存されています。

これらのディレクトリに、「jobs.deny」ファイル（制限）と「jobs.allow」ファイル（許可）を作成し、「270..............................」とジョブの制御を行うことができます。

「jobs.deny」ファイルにプログラムの名前を記述した時、そのディレクトリ内にあるプログラムの実行は省略されます。

ユーザーの制限

利用ユーザーの制限は、「/etc/cron.allow」ファイルと「/etc/cron.deny」ファイルで「cron」による実行制限を行うことができます。2つのファイルの有無と記述内容で動作に違いがありますので注意が必要です。

cron.allow	cron.deny	「crontab」コマンドを実行できるユーザー
有	有	271...............................
無	有	272..
有	無	273..
無	無	274...

anacron

システムが定期的にシャットダウン（電源断）されるような環境では、「cron」の実行がシステムの停止によって実行されません。そのような状況に対応するには、「anacron」を使用（併用）します。
「anacron」の動作は、登録されている全ての定期ジョブを、システムの起動後に必ず実行します。1度実行されたジョブの次の実行タイミングは、「anacron」が自動で調整して実行します。
「cron」で指定するように、正確な時間や分の指定は行なえませんが、実行頻度や待機時間の設定により、定期的な実行をすることができます。

実際に登録されている「/etc/anacron」のスケジューリングは、次の通りです。

```
1       5       cron.daily      run-parts --report /etc/cron.daily
7       10      cron.weekly     run-parts --report /etc/cron.weekly
@monthly  15   cron.monthly run-parts --report /etc/cron.
monthly
```

「anacron」の設定は、特権ユーザーだけがアクセスできる「/etc/anacrontab」ファイルとなり、4つのフィールドで構成しています。

period in days （ジョブの実行頻度：数値またはマクロ） @daily:1 @weekly:7 @monthly	delay in minutes （anacronの待機する分数）	job-identifier （ログで識別するタグ）	command （実行するコマンド）

主なパラメータ	説明
RANDOM_DELAY	delay in minutes 変数に追加する最大遅延分数
START_HOURS_RANGE	ジョブを実行する時間単位の間隔

● at

指定した日時および時間に、1度だけジョブを実行することができます。

「at」を利用するためには、「atd（at デーモン）」を動作させておく必要があります。

ジョブの登録方法は、対話形式のプロンプト「at>」に対して行い、このプロンプトが表示されている間に、実行するコマンドを登録していきます。登録するコマンドは、複数行に渡ることができるため、対話形式から抜け出す前までいくつものコマンドを実行することができます。

対話形式から抜け出すに時は、[Ctrl]+[d] キーを入力（<EOT> と出力される）します。

プロンプトから抜け出した段階で、登録した一連のコマンドが、1つのジョブとして扱われます。

似たようなジョブの登録に「batch」コマンドがあります。「batch」コマンドで登録したジョブは、コマンド実行時のシステム負荷を考慮するだけで、時間の指定はできません。

また、「cron」と同様に、「at」にも実行ユーザーを制限することができます。設置するファイルは、「/etc/at.allow」と「/etc/at.deny」と若干ファイル名は異なりますが、実行できるユーザーは、「cron」のユーザー制限と同じです。

「at」コマンドの基本形式は、次の通りです。

```
at [option…] <timespec>
batch
```

主なオプション	説明
-l	登録しているジョブを表示（「atq」コマンドと同じ）
-d|-r <jobno>	指定ジョブを削除（「atrm」コマンドと同じ）

14-3 ローカライゼーション

ローカライゼーションとは、ロケール（地域情報）と時刻を現地の環境に合わせて設定することです。

ソフトウェアの多言語対応の段階の 1 つで、国際化されたソフトウェアを、ある特定の言語に対応させることをいいます。

ソフトウェアに技術的な変更を加えることなく、多言語で利用するための設計や仕様などを組み込むことを国際化（インターナショナリゼーション：Internationalization、i18n)、地域固有の構成部品や翻訳テキストを使って、特定の地域に適合させることを地域化（ローカライゼーション：Localization, l10n）といいます。

●ロケール

Linux では、ロケール設定を使ってユーザーが使う言語や使われる文字セットも定義します。言語に日本語のような非 ASCII 文字を含む時は、正しいロケールの設定は極めて重要です。

ロケールカテゴリは、次のようなものがあります。

カテゴリ	説明
LC_CTYPE	文字の分類、比較および大文字 / 小文字の変換
LC_TIME	月の名前、曜日、完全表示や短縮表示など日付や時刻の書式
LC_MONETARY	通貨の記号、千の区切り文字、符号の位置など通貨の書式
LC_NUMERIC	小数区切り文字、千の区切り文字など数値の書式
LC_COLLATE	文字の照合順序および正規表現の定義
LC_MESSAGE	ローカライズメッセージの言語、否定と肯定の文字列
LO_LTYPE	言語レンダリングに関するレイアウトエンジンの指定

これらの値は、環境変数で設定されていますが、環境変数「LC_ALL」を使うと全てのカテゴリに指定した値が反映されます。

また、環境変数「LANG」は、個々のロケールカテゴリに設定がない時に適用される変数です。

特に「LANG=C」を指定した時は、ローカライズを行わずにデフォルトの言語で出力されます。

ターミナルがその言語に対応していない（文字フォントが無い等）時は、画面出力結果として文字化けした状態が起こります。

そのような時では、「LANG=C」を使って処理することで、ASCII で表現されるため、メッセージの内容を理解することができるようになります。

ロケール環境変数などのロケール情報は、「locale」コマンドで確認することができます。

「locale」コマンドの基本形式は、次の通りです。

```
locale [option…]
```

主なオプション	説明
-a	利用できるロケールを一覧表示
-m	利用できるキャラクタマップを一覧表示
-c <category>	指定した category のカテゴリと値を表示
-k <keyword>	指定した keyword の値を表示

```
taro@localhost:~$ locale
LANG=en_US.UTF-8
LANGUAGE=
LC_CTYPE="en_US.UTF-8"
LC_NUMERIC="en_US.UTF-8"
LC_TIME="en_US.UTF-8"
LC_COLLATE="en_US.UTF-8"
LC_MONETARY="en_US.UTF-8"
LC_MESSAGES="en_US.UTF-8"
LC_PAPER="en_US.UTF-8"
LC_NAME="en_US.UTF-8"
LC_ADDRESS="en_US.UTF-8"
LC_TELEPHONE="en_US.UTF-8"
LC_MEASUREMENT="en_US.UTF-8"
LC_IDENTIFICATION="en_US.UTF-8"
LC_ALL=
```

/etc/locale.gen

利用できるロケールを設定するファイルです。ファイル内でアンコメント（先頭に「#（ハッシュ）」がない）している言語について、「locale-gen」コマンドによってロケールを生成します。

```
taro@localhost:~$ head /etc/locale.gen
# This file lists locales that you wish to have built. You can
find a list
# of valid supported locales at /usr/share/i18n/SUPPORTED, and
you can add
# user defined locales to /usr/local/share/i18n/SUPPORTED. If
you change
# this file, you need to rerun locale-gen.


# aa_DJ ISO-8859-1
# aa_DJ.UTF-8 UTF-8
# aa_ER UTF-8
# aa_ER@saaho UTF-8
```


locale-gen

「/etc/locale.gen」ファイルやコマンドの引数によって、ロケールを生成します。

「locale-gen」コマンドの基本形式は、次の通りです。

```
locale-gen [locale]
```

ロケールを省略した時は、「/etc/locale.gen」ファイルで有効にしたロケールが生成されます。

```
taro@localhost:~$ sudo locale-gen ja_JP.utf8
Generating locales (this might take a while)...
  ja_JP.UTF-8... done
Generation complete.
```

●エンコード

コンピュータシステム上で文字列を表現する時に、文字や記号に割り当てられたビット列のことを文字コードといい、エンコードは割り当てられたビット列を文字に変換する方式のことです。同じ言語であっても、使われる文字コードは必ずしも同じではありません。

現在は、異なるオペレーティングシステム間であっても、文字化けを防ぐために共通の文字コードが利用されるようになってきています。

文字コードの構成要素は、表現する文字の範囲を取り決めている文字集合と、その文字の表現の仕方である符号化方式があります。

文字集合例	説明
ASCII	アメリカの標準化組織 ANSI が制定した文字コードの規格 アルファベット、記号、制御コードを表現する
Unicode	世界中の文字を 1 つのコード体系で表現する規格
JIS	日本語文字列の規格

日本語の符号化方式	説明
Shift_JIS	SJIS コードの日本語文字セット
EUC-JP	EUC コードの日本語文字セット
UTF-8	ASCII と互換性を持つ日本語文字セット (ただし、BOM (Byte Order Mark) の有無で表現方法が異なる)
ISO-2022-JP	JIS コードの日本語セット

iconv

文字コードの違いから発生する、テキストデータの文字化けに対応することができます。指定したファイルのエンコード（文字セット）を変換して出力します。保存先を指定しない時は、標準出力に出力されます。

「iconv」コマンドの基本形式は、次の通りです。

```
iconv [option…] [-f <from-encoding>] [-t <to-encoding>]
[<inputfile>]
```

主なオプション	説明
-c	変換できなかった文字を出力しない
-s	エラーメッセージを表示しない
-l	対応している文字コードを表示
-o <filename>	filename に出力する

14-4 時刻管理

システムサービスは用途によって様々ですが、どのサービスにおいてもサービスを提供するために、正常動作を維持し続ける必要があります。障害等の原因でサービスが停止した時は、復旧のために必要な原因を、サービスが停止した「275...」する必要があります。特に複数のシステムで構成されている時は、個々の機器が示す時刻にずれがあると、それぞれの機器で記録している動作の記録自体が役に立たない可能性があります。したがって、システムの時刻は正しく設定して動作している必要があります。

システムの時刻の調整は、手動で設定する方法と自動で定期的に設定する方法の 2 種類が用意されています。

また、コンピュータに存在する時計の種類も合わせて理解しておく必要があります。

●ハードウェアクロックとソフトウェアクロック

コンピュータには、ハードウェアクロックとソフトウェアクロックという 2 つの時計があります。

ハードウェアクロックは、コンピュータの基盤上に搭載された内部時計で、電池で動作しています。このため、電源オフの状態でも動作し、RTC（リアルタイムクロック）ともいいます。

ソフトウェア（システム）クロックは、オペレーティングシステム上で管理している時計のことです。システム起動時に、ハードウェアクロックから時刻を参照して、オペレーティングシステムの時刻として起動します。

システム起動以降の時刻は、オペレーティングシステム上で管理されます。

コンピュータで表示される時刻はソフトウェアクロックで、システムクロックともいいます。

UTC

原子時計と精密な天体観測に基づく協定世界時（Coordinated Universal Time）のことを指し、現在の世界基準となる時刻です。

JST

日本標準時（Japan Standard Time）のことを指し、「276..」時刻です。

●時刻管理コマンド

Linux のシステムクロックの管理には、いくつかのコマンドやサービスが用意されています。

date

現在の「277………………………………………………………………………………………」ことができます。時刻の変更は、システムに影響が発生するため、特権ユーザーで実行します。

「date」コマンドの基本形式は、次の通りです。

```
date [option…] [+format…]
date [-u] [<MMDDhhmm[[CC]YY][.ss]]
```

主なオプション	説明
-d	読みやすいフォーマットで指定
-u	協定標準時を表示
-s <string>	string に合わせる時刻に設定

```
taro@localhost:~$ date
Tue 21 Dec 2021 07:46:47 AM UTC
taro@localhost:~$ date +%Y-%m-%d
2021-12-21
```

hwclock

ハードウェアクロックの読取と設定を行うコマンドです。「278………………………………………………………………」こともできるようになっています。

「hwclock」コマンドの基本形式は、次の通りです。

```
hwclock [option…]
```

主なオプション	説明
-s	システムクロックをハードウェアクロックと同期
-w	ハードウェアクロックをシステムクロックと同期
-r	ハードウェアクロックの参照

ハードウェアクロックは、ボタン電池で動作している理由から時刻のずれが発生しやすいといえます。したがって、タイムサーバと同期できるソフトウェアクロックと同期して、定期的に時刻のずれを修正しておく必要があります。

システムクロックを修正後に、システムクロックとハードウェアクロックの同期を取ります。

```
taro@localhost:~$ sudo hwclock -r
2021-12-21 07:54:04.777914+00:00
taro@localhost:~$ sudo hwclock -s
```

●タイムゾーン

地域ごとの標準時刻帯を「タイムゾーン」といいます。地域の標準時を示す時は、UTC との差で表し、日本のタイムゾーンは、「Asia/Tokyo」を指定します。地域によっては、サマータイムを考慮した時刻で表示されます。

Linux で利用するファイルは、次の通りです。

主なオプション	説明
/etc/timezone	全ユーザーが使用するタイムゾーン名称
/etc/localtime	全ユーザーが使用するタイムゾーンの実体およびリンク
/usr/share/zoneinfo	システムで利用できるタイムゾーンの格納ディレクトリ

タイムゾーン情報の設定は、「/usr/share/zoneinfo」ディレクトリにある、目的のタイムゾーンファイルを「/etc/localtime」ファイルとしてリンクを作成する、または実体をコピーすることで設定できるようになっています。
「tzselect」コマンドや「timedatectl」コマンドのように、手動のコピー作業を行わない設定コマンドも用意されています。タイムゾーンの設定を変更する時は、特権ユーザーで実行します。

「tzselect」コマンドの基本形式は、次の通りです。

```
tzselect
```

コマンド実行後に、対話形式で操作を進めます。

```
taro@localhost:~$ sudo tzselect
Please identify a location so that time zone rules can be set
correctly.
Please select a continent, ocean, "coord", or "TZ".
 1) Africa
 2) Americas
 3) Antarctica
 4) Asia
 5) Atlantic Ocean
 6) Australia
 7) Europe
 8) Indian Ocean
 9) Pacific Ocean
10) coord - I want to use geographical coordinates.
11) TZ - I want to specify the timezone using the Posix TZ
format.
```

「timedatectl」コマンドの基本形式は、次の通りです。

```
timedatectl [option…] [<command>]
```

コマンド	説明
status	現在の設定を表示（デフォルト動作）
set-time <TIME>	時刻の設定を TIME にする
set-timezone <ZONE>	タイムゾーンを ZONE にする
list-timezones	タイムゾーンのリスト表示
set-local-rtc <BOOL>	リアルタイムクロックにローカルの TZ 利用
set-ntp <BOOL>	NTP の利用（systemd-timesyncd と連携）

「timedatectl」の時刻の設定にある NTP は、後述する「systemd-timesyncd」の設定が正しく行われている必要があります。

```
taro@localhost:~$ sudo timedatectl
               Local time: Tue 2021-12-21 08:30:56 UTC
           Universal time: Tue 2021-12-21 08:30:56 UTC
                 RTC time: Tue 2021-12-21 08:30:57
                Time zone: Etc/UTC (UTC, +0000)
System clock synchronized: yes
              NTP service: active
          RTC in local TZ: no
```

● NTP

NTP（Network Time Protocol）は、1つの原子時計に階層的にリンクしたコンピュータの間で、時刻を同期するものです。

この階層のことをストラータムといい、時刻源への距離を表します。「279……………………………………………………………」で、階層が1つ下がるごとにストラータムは1つ値が増えます。また、その階層にあるコンピュータは同じストラータムをもちます。ストラータムが増えれば、時刻源から遠ざかっていることを示し、「280..」として、時刻同期されない事になっています。

日本国内においては、インターネットマルチフィード（MFEED）や独立行政法人情報通信研究機構（NICT）などの団体が、NTP サーバを公開して利用できるようになっています。

複数のコンピュータや機器で構成される、一般的な IT システムの障害発生において、時刻のずれはトラブルシューティングの妨げとなります。

したがって、時刻のずれが起きない構成にするために、個々のコンピュータで時刻を手動登録するのではなく、共通のタイムサーバ（NTP）を参照して時刻を統一することが必要になります。

NTP を使った時刻の同期には、NTP サーバとして時刻同期する方法と、NTP クライアントである「ntpdate」コマンド等を使った時刻同期する方法があります。

NTP 通信は、UDP の 123 番ポートを使用します。

また、プロキシ環境では、NTP 通信が行えないので、別の手段を検討するなど注意が必要です。

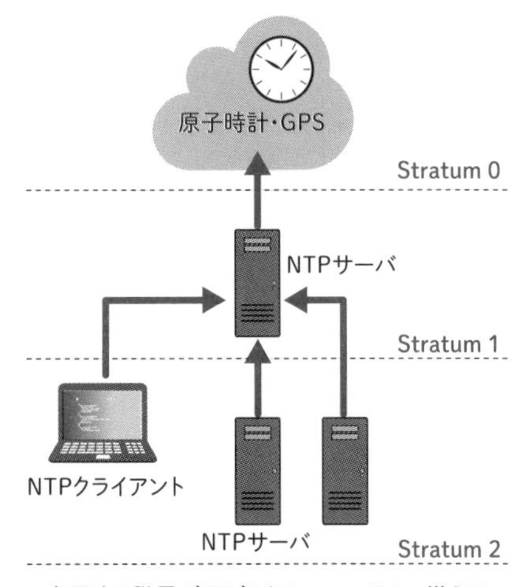

参照する階層が下がるとStratumは1つ増える

ntp パッケージ

ntp パッケージは、NTP Project によって開発されているオープンソースの NTP プロトコル実装プログラムです。ntp パッケージには、サーバ動作をする「ntpd」デーモンとクライアントのみ動作をする「ntpdate」コマンドの両方が含まれています。

あらかじめ NTP サーバとして登録されている「pool.ntp.org」ホストは、NTP サーバとして公開されているため、時刻同期に使用できます。

ntpd の設定は、「/etc/ntp.conf」ファイルに時刻を同期する公開 NTP サーバを「281...」します。

一般的には、ネットワークの混雑状況を考慮して、できるだけアクセスのしやすい距離にある 3 つ以上のサーバを設定しておきます。

次の例は、「/etc/ntp.conf」の NTP サーバの登録箇所です。

```
# Use servers from the NTP Pool Project. Approved by Ubuntu
Technical Board
# on 2011-02-08 (LP: #104525). See http://www.pool.ntp.org/
join.html for
# more information.
pool 0.ubuntu.pool.ntp.org iburst
pool 1.ubuntu.pool.ntp.org iburst
pool 2.ubuntu.pool.ntp.org iburst
pool 3.ubuntu.pool.ntp.org iburst
```

ntpd

時刻サービスとの同期と時刻サービスの提供を行う常駐型サービスです。現在は、常駐サービスは、「systemd」プロセスによって制御することが多く、制御コマンドである「systemctl」コマンドを使ってサービスの状態確認や動作の指定を行うことができます。

「ntpd」による時刻サービスを利用するには、サービス起動する必要があります。

```
taro@localhost:~$ sudo systemctl start ntp
taro@localhost:~$ sudo systemctl status ntp
● ntp.service - Network Time Service
     Loaded: loaded (/lib/systemd/system/ntp.service; enabled;
vendor preset: enabled)
     Active: active (running) since Wed 2021-12-22 04:52:51
UTC; 2s ago
       Docs: man:ntpd(8)
    Process: 36899 ExecStart=/usr/lib/ntp/ntp-systemd-wrapper
(code=exited, status=0/SUCCESS)
   Main PID: 36923 (ntpd)
      Tasks: 2 (limit: 2279)
     Memory: 1.0M
     CGroup: /system.slice/ntp.service
             └─36923 /usr/sbin/ntpd -p /var/run/ntpd.pid -g -u
114:119

Dec 22 04:52:51 localhost ntpd[36923]: Listen normally on 2 lo
127.0.0.1:123
Dec 22 04:52:51 localhost ntpd[36923]: Listen normally on 3
enp0s3 192.168.120.26:123
Dec 22 04:52:51 localhost ntpd[36923]: Listen normally on 4 lo
[::1]:123
Dec 22 04:52:51 localhost ntpd[36923]: Listen normally on 5
enp0s3 [fe80::a00:27ff:fe80:f5b4%2]:123
Dec 22 04:52:51 localhost ntpd[36923]: Listening on routing
socket on fd #22 for interface updates
```

「ntp」サービスの動作確認は、「ntpq」コマンドの対話型プログラムで行います。

起動した「ntp」サービスは、「/etc/ntp.conf」ファイルの server ステートメントに記述したサーバと時刻同期を行います。ストラータムが16 未満となるサーバを対象に、同期に利用しているサーバ名の先頭に「* （アスタリスク）」で表します。

一旦同期が行われると、徐々に同期間隔を広げながら定期的に、時刻同期が行われるようになります。

chronyd

NTP クライアントと NTP サーバの実装した新しいプロジェクトの 1 つです。「ntpd」の実装とは異なる時刻同期アルゴリズムを採用しているため、効率良く正確な時刻を提供します。

ハードウェアクロックとの同期もできるため、複数のコマンドを使って実現する必要がありません。使用ポートも「ntpd」は、UDP の 123 番ポート固定でしたが、「chronyd」では変更ができるようになっています。

「chronyc」コマンドは、「chronyd」のパフォーマンスは動作中の設定変更などの操作を行うことができるコマンドです。

コマンドモードと対話モードで操作ができます。

ntpdate

「ntp」パッケージに含まれる「ntp」クライアントコマンドで、NTP サーバに時刻同期のみ行います。

システムの時刻を合わせるだけの時は、「cron」と組み合わせて定期的に同期することで、正確な時刻を維持することができます。

「ntpdate」コマンドの基本形式は、次の通りです。

```
ntpdate [option…] <ntp server>
```

主なオプション	説明
-u	送信元ポートを 123 番以外にする
-d	デバッグモードを指定

systemd-timesyncd

「ntpd」や「chronyd」のようにサーバ機能は持たず、クライアントとして時刻の同期をするサービスです。「ntpdate」のように実行型コマンドではなく、常駐型のサービスとして動作します。また、セキュアな「sntp」クライアントが実装されています。

「systemd-timesyncd」の設定は、「/etc/systemd/timesyncd.conf」設定の中で参照するNTPサーバを指定します。

14-5 ログ操作

オペレーションによる動作状況や、システムの状態についての記録をシステムログ、またはログといいます。

ログは、通常のオペレーション操作記録だけではなく、何らかのトラブルについて原因究明（フォレンジック）するために、非常に役立つ記録を保持しているファイルです。

問題解決（トラブルシュート）の時に最初にやるべきことは、システムの中で起こっている状況を把握することです。

そのためには、ログに記録される情報を正常時から確認して、対処方法の判断ができるように取得するログを構成しておく必要があります。

● syslogd

システムログを記録するプログラムは、ディストリビューションによって採用しているソフトウェアが異なります。

ただし、一般的にシステムから出力される警報などの情報を管理する仕組みは、共通でSyslog（シスログ）といいます。

Syslogを提供するのは、syslogパッケージに含まれる「klogd」と

「syslogd」というプログラムです。

従来のLinuxでは、これらのプログラムでシステムログを管理していましたが、「TCPによるログ送受信機能」や、「SSL/TLSを使った暗号化機能」を含む「rsyslog」パッケージの採用が主流となっています。

/etc/rsyslog.conf

「rsyslog」の設定は、「/etc/rsyslog.conf」ファイルで構成します。

設定ファイル内では、利用するモジュールや記録するログのフィルタルール（セレクタ）と出力先（アクション）を決定します。

```
SELECTORS   ACTION
```

フィルタルール（セレクタ）の記述方法は､大きく次の3つがあります。

ファシリティベースのフィルタ方式の書式は、次の通りです。

```
Facility.([!|=])Priority
```

プロパティベースのフィルタ方式書式は、次の通りです。

```
:Property, [!]compare-operation, "Value"
```

条件ベースのフィルタ方式書式は、次の通りです。

```
if <expr> then <action-part-of-selector-line>
```

ファシリティベースのファシリティ名として指定できる内容は次の表の通りです。

Facility	対象ログ
auth	認証関連
authpriv	認証関連（推奨）
cron	cron 関連
daemon	常駐サービス関連
kern	カーネル関連
lpr	印刷関連
mail	メール関連
news	ニュース関連
syslog	syslog 関連
user	ユーザーレベルのメッセージ関連
uucp	uucp（UNIX to UNIX Copy Protocol）関連
local0…7	その他ユーザー設定

ファシリティベースのプライオリティとして指定できるのは、次の表の通りです。

Priority	値	説明
emerg|panic	0	緊急：システムの致命的な異常メッセージ
alert	1	警報：非常に重要な異常メッセージ
crit	2	致命的：重大な異常メッセージ
error|err	3	エラー：異常メッセージ
warn|warning	4	警告：今後エラーとなる可能性を持つメッセージ
notice	5	注意、通知：注意メッセージ
info	6	情報：一般的なメッセージ
debug	7	デバッグ：デバッグ情報
none	-	プライオリティなし

プロパティベースの条件に指定できるキーワードは、次の通りです。

compare-operations	説明
contains	指定した値がプロパティ値に含まれる
isequal	指定した値がプロパティ値と一致する
startwith	指定した値でプロパティ値が始まる
regex	指定した正規表現とプロパティ値がマッチする
ereregex	指定した拡張正規表現とプロパティ値がマッチする

出力先の指定方法は、次の表の通りです。

ACTION	説明
[-]<filename>	指定ファイルに出力 (- 付は、非同期出力)
@<ip address>	指定 IP アドレスに UDP 出力
@@<ip address>	指定 IP アドレスに TCP 出力
<username>	ユーザー端末に出力
/dev/console	コンソールに出力
:omusrmsg:	全ユーザーの端末に出力
| <program>	出力内容をプログラムに出力

ルールの変更を有効にするには、「rsyslog」サービスを再起動する必要があります。

logger

ログメッセージを、システムログに出力します。

システムログのフィルタテストや、シェルスクリプトから正常終了や異常終了の通知メッセージの出力として利用できます。

「logger」コマンドの基本形式は、次の通りです。

```
logger [option…] <message>
```

主なオプション	説明
-i	各行に logger のプロセス ID（PID）を記録
-p <[facility[.priority]]>	ファシリティとプライオリティを指定（初期値:user.notice）
-t <tag>	各行に指定したタグと共に記録

●主なログファイル

ログファイルは、「282……………………………………………………………………

………………………………………………………………」しています。

一般的には、「/var/log/」ディレクトリに、システムログの設定で指定した、フィルタに応じたログファイルが保存されます。

システムの状態をチェックするには、正常時に出力される内容や異常時に確認すべき項目の内容が、どのログファイルに記録されているかを、ある程度把握しておく必要があります。

出力されるログのファイル名は、ディストリビューションやシステムログの設定によって異なるため、違いがあります。

次の表は、代表的なシステムログの設定で出力されるログファイル名とその内容です。

主なログファイル	説明
/var/log/messages /var/log/syslog	一般的なシステムに関する情報全般
/var/log/secure /var/log/auth.log	セキュリティ・認証に関する情報
/var/log/boot.log	OS 起動時に関する情報
/var/log/cron	定期ジョブの実行結果に関する情報
/var/log/mail.log	メールに関する情報
/var/log/spooler	印刷やニュースに関する情報

● systemd-journald

Linuxが、「systemd」で動作する環境では、「systemd-journald」によるログの集中管理も行われています。多くのディストリビューションの初期動作は、記録するログを仮想ファイルシステム上に保存します。保存場所は、「/run/log/journal/」ディレクトリで、ログデータベースをバイナリファイルで記録しています。ログデータベースは、仮想ファイルシステム上に作成されるため、再起動すると消えてなくなります。このため、システムログサービスに転送してファイルに出力するようになっています。

多くのLinuxは、この方式でシステムログを管理していますが、システムログサービスを使わずに、記憶装置内に記録することもできます。

記憶装置に保存する設定は、「/var/log/journal」ディレクトリを作成する方法と、設定ファイルを変更する方法があります。設定ファイルの変更例として「/etc/systemd/journald.conf」を次のように変更します。

```
[Journal]
Storage=persistent
```

どちらかの方法を行った後に、「systemd-journald」またはシステムを再起動すると、作成したディレクトリ配下にデータベースが作成されるようになります。

journalctl

「systemd-journal」によって、記録したログの問い合わせを実施します。単体で実行すると、「journald」によって記録されているログデータベースの情報を全て出力します。ページャによって記録が出力されるため、抜けるには [q] キーを利用します。

「journalctl」コマンドの基本形式は、次の通りです。

```
journalctl [option…] [matches]
```

主なオプション	説明
-e	直近の記録を表示
-x	詳細情報を表示
-f	記録を出力し続ける ([Ctrl]+[c] キーで中断)
-u <Unit>	特定の Unit にフィルタ
-k	カーネルの記録にフィルタ
-p <priority>	重要度を指定 (文字列および数値の指定)

systemd-cat

ユーザーの実行した、コマンドの結果を「systemd-journald」に送ります。「logger」コマンドとほぼ同じですが、ファシリティの指定はできません。

「systemd-cat」コマンドの基本形式は、次の通りです。

```
systemd-cat [option…] [<Command> [<Argument>]]
```

主なオプション	説明
-t <Tag>	ログツール向けに文字列をタグ付け
-p <priority>	重要度の指定

/etc/systemd/journald.conf

systemd-journald の設定ファイルは、いくつかの場所に分散されて配置されています。

主なコンフィグレーションファイル	説明
/etc/systemd/journald.conf	メイン設定ファイル
/etc/systemd/journald.conf.d/*.conf	上書き用のドロップイン構成スニペット
/usr/lib/systemd/journald.conf.d/*.conf	上書き用のドロップイン構成スニペット

● logrotate

ログファイルは、常にシステムの状態に応じて出力され続けて蓄積されるファイルです。何もしないで放置すると、情報は出力され続けているので、記録しているファイルサイズは肥大化していきます。ファイルサイズが大きくなり過ぎてしまうと、ディスクスペースの圧迫やファイルシステムの管理できるファイルサイズを超えるような事態に陥る可能性があります。

これらの問題を未然に防ぐ為に、ログファイルを一定期間やファイルサイズによって、ローテーション (世代管理) することができます。ログファイルのローテーションに利用する設定は、「/etc/logrotate.conf」ファイルで構成します。

設定ファイルには、世代管理数だけではなく、ローテーションのタイミングやローテーション後のファイルの操作などの指定を行うパラメータも用意されています。

<table>
<tr><th>主な設定パラメータ</th><th>説明</th></tr>
<tr><td>hourly|daily|weekly|monthly|yearly</td><td>ローテーション間隔(時間｜日｜週｜月｜年)</td></tr>
<tr><td>rotate <count></td><td>世代管理数</td></tr>
<tr><td>create [<mode>] <owner> <group></td><td>ローテート後に新規ファイルの作成</td></tr>
<tr><td>compress</td><td>ローテート後にファイルの圧縮を実施</td></tr>
<tr><td>minsize <size></td><td>指定サイズ以下では、ローテートしない</td></tr>
</table>

/etc/logrotate.conf

ログローテートの基本設定は、グローバルパラメータを使って行います。個別の設定は、次のように指定ファイルを「{}（中括弧）」内にパラメータを列挙していきます。個別に指定したパラメータに、グローバルパラメータの内容がある時は、個別に指定した内容で上書きされます。

```
filepath {
 Parameter…
 Parameter…
 ...
```

また、「/etc/logrotate.conf」内に Include 文が設定されている時は、対象のディレクトリはスニペットとして利用することができます。

15
シェル操作

コマンドラインの操作で紹介したように、ユーザーは目的の操作をコマンドという形で実行しています。このコマンドは、シェルを通じてLinux カーネルへ伝わることでハードウェアの操作が行われています。ユーザーは、カーネルに直接命令を出せないため、カーネルへメッセージを伝えることができるプログラムを使って操作を行っています。図のように、カーネルはこのプログラムに覆われているように見えるため、シェル（殻）といわれています。

コマンドライン操作以外のグラフィカル環境（GUI）でも、マウス等を使ってカーネルにメッセージを伝えるシェルの役割を持ったプログラムが存在しています。ただし、以降の説明においては、特別な説明が無い限り、コマンドライン操作シェルを「シェル」として扱います。

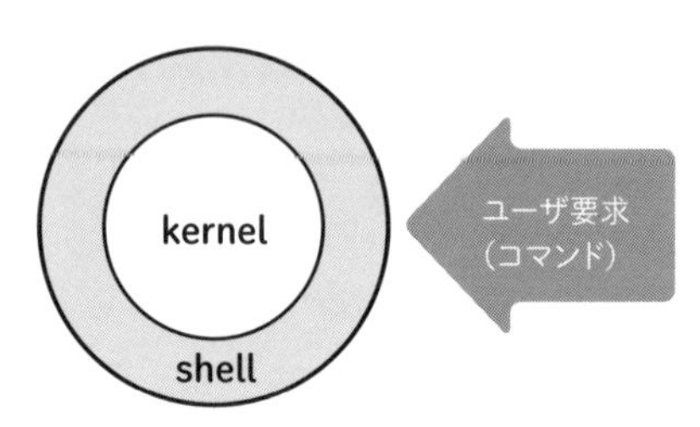

15-1 シェル

シェルは、カーネルとユーザーの間でメッセージの翻訳を行うソフトウェアです。Linux のコマンドラインの操作は、このシェルを通じて行います。

シェルの種類は多く存在していますが、UNIX の標準シェルは、多くの機能を持たない「sh」という Bourne Shell です。Linux の標準シェルは、ディストリビューションによって違いがありますが、Bourne Shell を拡張した BASH が採用されています。次の表は、代表的なシェルを記載したものですが、大きく Bourne Shell 系と C Shell 系の 2 種類に分類することができます。以降の説明は、「bash」を扱います。

主なシェル	互換シェル	初期 OS
sh	sh	System V
bash	sh	Linux/BSD/UNIX
dash	sh	Debian GNU Linux
csh	csh	BSD
tcsh	csh	FreeBSD/macOS
ksh	sh/ksh	AIX
zsh	zsh/sh/bash/csh/ksh	-

● Linux のシェル

Linux で利用できるシェルは、1 つではありません。「283……」ことができます。「/etc/passwd」ファイルには、ユーザーのデフォルトシェルとしてログイン後に利用するシェルが設定されています。

標準シェル

「bash」は、UNIX シェルかつコマンド言語（英語版）で、GNU プロジェクトにおける Bourne Shell のフリーソフトウェアによる代替としてブライアン・フォックス（英語版）によって作成されたものです。1989 年に初めてリリースされ、ほとんどの Linux ディストリビューションのデフォルトのログインシェルとして広く普及しています。

変数

「bash」の変数定義にはいくつかの規則があります。

- **利用できる文字は、0-9 の数値、a-Z のアルファベット、_（アンダースコア）**
- **変数の先頭は、アルファベットおよびアンダースコア**

変数定義は、「284...」を行います。

```
taro@localhost:~$ var=VALUE
```

定義した変数を利用するには、「285...
.....」呼び出します。

```
taro@localhost:~$ echo ${var}
VALUE
```

一度定義した変数は、直ちに利用することができます。この時の変数の値は、文字列型として扱われます。
「declare」コマンドは、変数に明示的に属性（変数の型）を与えて宣言することができます。
型に合わない値を代入した時は、エラーまたは、「0（ゼロ）」が代入されます。

「declare」コマンドの基本形式は、次の通りです。

```
declare [option…] [<name>[=value]…]
```

主なオプション	説明
-a	配列（添字）として定義
-A	連想配列（キーと値）として定義
-i	整数型として定義
-r	読み取り専用（定数）として定義

定義した変数の削除

定義した変数（読取専用変数を除く）や関数は、「unset」コマンドを使って削除することができます。

「unset」コマンドの基本形式は、次の通りです。

```
unset [option…] <name>
```

主なオプション	説明
-f	指定した name を関数名として扱う
-v	指定した name を変数名として扱う

特殊変数

「bash」では、次の表のようにあらかじめ予約されている特殊変数があります。これらの変数は、後から定義することはできません。

特殊変数	説明
$0	実行プログラム
$<n>	引数の n 番目（n は 1 以降の整数）
$@	引数の配列
$*	引数の配列
$#	引数の数
$?	直前コマンドの実行結果（0: 成功、0 以外 : 失敗）
$!	直前に実行したプロセスの ID

特殊変数の「$@」と「$*」の変数は、引数を二重引用符で囲んだと

きに動作が異なります。特殊変数「$@」は、スペースで区切られた変数を個別に展開します。ただし、2 重引用符で囲まれた引数は 1 つとして扱います。しかし、特殊変数「$*」では、全ての引数が展開された状態を 1 つの文字列として扱います。

環境変数とシェル変数

環境変数は、Linux の起動時に定義されるものです。「286..」します。定義されている環境変数一覧は、「env」や「printenv」コマンドで参照することができます。

シェル変数は、「287..」で、ほかのシェルからその値を参照することはできません。

シェル変数を環境変数にする時は、「export」コマンドを利用します。この時の環境変数は、「export」コマンドを実行した、シェルの子プロセス以降で参照することができるようになります。

●引用符

変数を扱う上で、スペースを含む文字列などを 1 つの塊として扱う時は、引用符を使います。引用符として利用できる記号は、「" (ダブルクォーテーション)」と「' (シングルクォーテーション)」があります。

また、似たような記号に「` (バッククォート)」があります。それぞれの違いは、次の表の通りです。

引用符	特徴
" (ダブルクォーテーション)	空白を含む文字列を 1 つとしてまとめる(変数展開する)
'(シングルクォーテーション)	空白を含む文字列を 1 つとしてまとめる(変数展開しない)
` (バッククォート)	囲まれたコマンドの実行結果を戻す

ダブルクォーテーションとシングルクォーテーションの引用符の違いは、変数を扱った時に次のように現れます。

```
taro@localhost:~$ var=VALUE
taro@localhost:~$ echo "${var}"
VALUE
taro@localhost:~$ echo '${var}'
${var}
```

16
シェルスクリプト

シェルスクリプトは、シェルに対して実行するコマンドを、ファイル内に記述して自動化するものです。記述内容によって、実行条件や実行回数を変えるプログラム要素も兼ね備えています。

16-1 シェルスクリプトの基本

シェルスクリプトは、シェルに対して入力するコマンドをファイルに記述したものです。

シェルスクリプトを記載する上で、いくつかの決まりがあります。

- ファイルの先頭は、SheBang（インタープリター）を記載する
- # はコメントを表す（スクリプトとしては解釈されない）
- 関数を定義する際は、呼び出し元よりも先頭に記載する
- スクリプトを実行するには、ファイルに実行権限を付与する

SheBang の記載方法は、大きく 2 つあります。

環境変数「PATH」から利用するシェルを指定する方法は、次の通りです。

```
#!/usr/bin/env bash
```

直接絶対パスを通じて指定する方法は、次の通りです。

```
#!/usr/bin/bash
```


16-2 関数の定義

関数は、一連のコマンドの内容や処理を記載しておくもので、複数の場所から呼び出すような時に効果的です。

他のプログラム言語のように、関数の戻り値を呼び出し元に戻すことができない為、戻り値が必要な時は、「echo」コマンドを使って代用します。

「bash」の関数で戻すことができるのは、0~255までの数値のみです。

```
taro@localhost:~$ function FUNC() {
> echo "This function is sample"
> # This line is comments.
> echo "Contain commands and messages"
> }
taro@localhost:~$ FUNC
This function is sample
Contain commands and messages
taro@localhost:~$ var=`FUNC`
taro@localhost:~$ echo ${var}
This function is sample Contain commands and messages
```

16-3 値の評価

「test」コマンドは、「288 ………………………………………………………………………………………………

…………………………」等を実施することができます。この評価結果に基づいて、制御構文に対する条件を作ることができます。

「test」コマンドと「[]」は、「/usr/bin」に置かれる外部コマンドで、「[[]]」は、組込コマンドとなっています。評価の方法は、文字列比較や数値比較で利用する評価演算子が異なります。評価演算子の詳細は、「man test」で確認できます。

「test」コマンドの基本形式は、次の通りです。

```
test <expr>
[ <expr> ]
[[ <expr> ]]
```

test および [評価式	[[評価式	説明
test ${var} -eq 10 [${var} -eq 10]	[[${var} == 10]]	変数 var の値が 10 であるか
test ${var} = "hello" [${var} = "hello"]	[[${var} == "hello"]]	変数 var の値が hello であるか
test -f test [-f test]	[[-f test]]	test ファイルがあるか
test -d test [-d test]	[[-d test]]	test ディレクトリがあるか
test ! -d test [! -d test]	[[! -d test]]	test ディレクトリがないか

●制御構文 条件分岐

特定の条件によって、実行可否の分岐を持たせると自動化の幅が大きく広がります。この条件によって、動作の決定を決める方法を条件分岐といいます。「bash」には、条件分岐に「if」構文や「case」構文があります。

if

用意した条件に対して、処理を分岐させる方法の１つに「if」構文があります。条件は、「test」コマンドを使った評価式で記述します。「289...........」が１つのブロックとして扱われ、評価式が成立（真）となった時に実行します。ブロック内のインデント（字下げ）は必須ではありませんが、シェルスクリプトの可読性を上げるためにはとても有効です。

単純な「if」構文は、次の通りです。

```
if <expr>
then
  <exec command>
fi
```

複数の条件を用意する時は、「if」構文で処理する分岐の後に、「elif」構文のブロックを用意すると別の条件を評価することができます。「elif」構文は、「290..」ことができます。

ただし、上位の条件を満たしている時には、次の条件の評価は行いません。

```
if <expr1>
then
  <exec command>
elif <expr2>
then
  <exec command>
fi
```

指定条件を満たさない時に実行する処理がある場合は、「else」構文を利用します。「else」構文は、条件を満たさない場合なので条件を指定することはできません。

```
if <expr>
then
  <exec command>
else
  <exec command>
fi
```

「if」構文の中に「if」構文（ネスト）を作ることもできます。プログラムの実行上支障はありませんが、ネストし過ぎてしまうと、可読性が下がる可能性があるので、そのような時には、もう一度条件を検討する必要がある時もあります。

case

もう 1 つの条件分岐に、「case」構文があります。「case」構文は、対象とする変数の値のパターンによって、処理する内容を変えることができます。

「case」ブロックは、「291..........................」で指定します。

各パターンのブロックには、処理する内容の終わりには「;;（セミコロン 2 つ)」をつける必要があります。

条件に合わない時の処理については、パターンを「* (アスタリスク)」で指定します。

```
case <name> in
<pattern1>)
  <exec command> ;;
<pattern2>)
    <exec command> ;;
*)
<exec command> ;;
esac
```


●制御構文 繰り返し

for

回数の決まった繰り返し処理を実行するには、「for」構文があります。「for」構文による繰り返し処理は、「292..................」の間が繰り返されます。繰り返しの数を決定するために、配列などのリストを使います。リストの要素数分繰り返しが実行されます。

```
for <name> in <list>
do
  <exec command>
done
```

回数を決定する方法として、C言語のように記載することもできます。この時の「for」構文内の括弧は、「293..」を記載します。

```
for ((<expr1>; <expr2>; <expr3>))
do
  <exec command>
done
```

while

実行回数が未確定の時は、「while」構文で「294..」することができます。「for」構文と同様に繰り返し処理は、「do~done」の間が繰り返されます。

```
while <expr>
do
  <exec command>
done
```

テキストファイルを読み込んで1行ずつ処理する時には、標準入力を利用して変数に代入します。

```
while read <name>
do
  <exec command>
done < <FiletoPath>
```

条件を指定せずに、無限ループを作る時には条件に「: (コロン)」を指定します。この記号は、ナルコマンドといい、「295..」コマンドです。特定の条件で、ループから脱出するには、「break」コマンドを指定します。
「break」コマンドは、引数を指定することができます。指定する引数は、「296..」を指定します。

```
while :
do
  if <expr> ; then
    break 1
  fi
done
```

16-4 便利なコマンド

シェルスクリプトを作る上で、いくつかの便利なコマンドがあります。

read

「297..」するには「read」コマンドを実行します。指定した変数に、[Enter] キーが押されるまでの文字列を変数に格納できます。

```
read [option…] <name>
```

次の例は、プロンプトを表示して入力を促しています。

```
taro@localhost:~$ read -p "Please input key value:" key
Please input key value:
```

seq

「298..」には、「seq」コマンドを実行します。コマンドは、引数は3つ取ることができ、初期値、増分値、最大値の順で指定します。増分値を省略した時は、1が増分になります。

```
taro@localhost:~$ seq 1 2 5
1
3
5
taro@localhost:~$ seq 1 3
1
2
3
```

シェルが「bash」の時、ブレース展開を使って同様の数値を生成することができます。

```
taro@localhost:~$ echo {1..5..2}
1 3 5
taro@localhost:~$ echo {1..3}
1 2 3
```

date

システムクロックの時刻を表示、操作するコマンドです。出力するフォーマットを指定できるため、これを利用してシェルスクリプト組み合わせることが多くあります。

フォーマットで指定できる代表的な、操作識別子は次の表の通りです。

主なフォーマット操作	説明
%Y	西暦（4 桁表示）
%m	月（2 桁表示）
%d	日（2 桁表示）
%H	時（24 時間表示）
%M	分（2 桁表示）
%S	秒（2 桁表示）

シェルスクリプト内の処理として、「date」コマンドの実行結果を変数に格納した後で、ファイル名の末尾につけるなどの活用方法があります。

```
taro@localhost:~$ dateparam=`date +%Y%m`
taro@localhost:~$ echo ${dateparam}
202112
```

eval

「299………………………………………………………………………」ことができます。コマンドや引数を組み合わせて実行する時に役立ちます。

```
taro@localhost:~$ command='tail -n 5'
taro@localhost:~$ file='/etc/services'
taro@localhost:~$ eval ${command} ${file}
dircproxy       57000/tcp          # Detachable IRC Proxy
tfido           60177/tcp          # fidonet EMSI over telnet
fido            60179/tcp          # fidonet EMSI over TCP

# Local services
```


getopts

「bash」のシェルスクリプトで、オプションを解析する際に役立つbuilt-inコマンドです。

スクリプトの引数は、特殊変数を「if」構文や「case」構文で判定することもできますが、より簡単にオプションの定義をすることができます。

「getopts」は、「while」構文と合わせてオプションの解析を行います。オプション自体が引数を取る時は、オプション文字列の後ろ「:(コロン)」を使って指定すると引数を扱うことができます。この時の引数は、「OPTARG」変数に格納されます。

次の例では、オプションとして「a」、「b」、「c」を利用でき、「b」オプションには引数を持たせることができます。また「a」オプションの先頭についている「:」によって、オプション解析によるエラーの抑制をすることができます。

```
while getopts :ab:c opt
do
  case $opt in
    a)
       printf "Option a has been specified.\n"
       ;;
    b)
       printf "Option b has been specified.\n"
       printf "Option b has argument value: ${OPTARG}\n
       ;;
    c)
       printf "Option c has been specified.\n"
       ;;
    *)
       printf "The option you specified does not exist.\n"
       ;;
  esac
done
```

17
awk

17-1 awk コマンドについて

「awk」コマンドは、「sed」コマンドや「grep」コマンドの高機能ツールとして開発されたスクリプト言語です。多くの Linux で利用できるようになっていて、「awk」を拡張した GNU 版の「gawk」コマンドが採用（以降 awk と表記）されています。

「awk」の動作は、「300………」します。

入力データは、標準入力または指定されたファイルで行われ、フィールドとレコードに分割されます。フィールドは、区切り文字（デフォルトは空白）で区切られた箇所が該当し、レコードは行が該当します。

●基本構文

「awk」の基本構文は、次の通りです。

```
awk 'pattern { action statements }' <File>
```

「pattern」には、正規表現、評価式、「BEGIN」ブロック、「END」ブロックの指定ができます。正規表現や評価式を指定した時は、ファイル全体でパターンマッチや評価にマッチした行を対象に、アクション処理が行われます。

「BEGIN」ブロック、「END」ブロックは、前処理と後処理の関係を作ることができます。「BEGIN」ブロックでは、ファイルの読み込み前に関する処理（初期化処理）を記述し、「END」ブロックでは、ファイル読み込み後の処理を記述します。「BEGIN」ブロックと「END」ブロックの間にブロックを設けることで、3つのブロック構成を作ることができます。

```
BEGIN {
  initialize action statements
}
{
  main action statements
}
END {
  finished action statements
}
```

●区切り文字

「awk」のフィールドを識別する区切り文字は、スペース（空白文字）になっています。

　区切り文字は、「awk」コマンドのオプション「-F」の指定で指定できるほか、「BEGIN」パターンのFS変数で設定することができます。また、区切り文字を指定する際に、[]内に区切り文字を定義すると、複数の区切り文字を設定することができます。

　次の例は、区切り文字に「（スペース）」と「-（ハイフン）」を定義する例です。

```
awk -F'[ -]' '$1=="Morikawa",$1=="Nagase" {print $0}' 2021_
maybehit.txt
```

●変数

「awk」には、あらかじめ予約されている組込変数があります。

組込変数	内容	初期値
FILENAME	入力ファイル名	"-" (標準入力)
RS	入力レコードの区切り文字	"\n" (改行)
FS	入力フィールドの区切り文字	" " (スペース)
ORS	出力レコードの区切り文字	"\n" (改行)
OFS	出力レコードの区切り文字	" " (スペース)
NR	レコード数	
NF	レコードのフィールド数	
$0	入力レコード	
$<n>	入力レコードにおける n 番目のフィールド	

「awk」で利用する変数は、次の命名規則に従う必要があります。

- 変数名の 1 文字目は、英字、アンダースコア
- 変数名の 2 文字目以降は、英数字、アンダースコア
- awk の予約語は、変数名として使用できない
- 大文字、小文字は区別される

変数への値の代入は、「=（イコール）」で行います。「bash」の変数へ値の代入とは異なり「=」の前後にスペース（空白）を入れても正常に動作します。

次の例は、変数 a に値を代入して出力しているものです。

```
taro@localhost:~$ echo | awk 'BEGIN {a="hello"} {print a}'
hello
taro@localhost:~$ echo | awk 'BEGIN { a = "hello" } {print a}'
hello
```

変数には、配列や連想配列も利用できます。

```
taro@localhost:~$ echo | awk 'BEGIN {a="hello"} {print a}'
hello
taro@localhost:~$ echo | awk 'BEGIN { a = "hello" } {print a}'
hello
```

●関数

「awk」には、主に次の組み込み関数が用意されています。

主な組み込み関数	説明
cos(<expr>)	余弦（コサイン）
exp(<expr>)	指数
getline	次のレコードを読み込む
gsub(<r>, <s>, [,t])	マッチ部分（r）を全て置換（s）
index(<s>, <t>)	指定した文字列（t）が最初に出現する位置
int(<expr>)	小数点以下を切り捨てた整数
length([<s>])	文字列の長さ（文字数）、配列の要素数
log(<expr>)	自然対数
match(<s>, <r> [,<a>])	指定した正規表現（r）が最初に出現する位置
rand()	0から1の範囲で数値を返す
sin(<expr>)	正弦（サイン）
split(<s>, <a> [,<r> [, <seps>]])	文字列を配列要素（a）に分解した要素数
sprinf(<fmt>, <expr-list>)	書式に従って文字列を変換
sqrt(<expr>)	平方根
sub(<r>, <s> [,<t>])	最初のマッチ部分を置換
substr(<s>, <i> [, <n>])	部分文字列

●演算子

条件を作成する時に、変数に含まれる値の評価は、演算子を使って記述します。

2 つの値に対する比較演算子は、次の通りです。

比較演算子	説明
expr1 == expr2	expr1 と expr2 が等しい
expr1 != expr2	expr1 と expr2 が等しくない
expr1 < expr2	expr1 が expr2 より小さい
expr1 <= expr2	expr1 が expr2 以下
expr1 > expr2	expr1 が expr2 より大きい
expr1 >= expr2	expr1 が expr2 以上

論理演算子は、次の通りです。

比較演算子	説明
expr1 && expr2	論理積 (AND)
expr1 || expr2	論理和 (OR)
!expr	否定

●アクション

アクションは、制御構文です。次の表にあるコマンドを組み合わせて構成します。ブロックは、「{}（中括弧）」で表し、評価式は「()（括弧)」を使って記述します。

コマンド	説明
break	if、while、do、for の制御構文の処理を中止する
continue	現在の繰り返し処理を中断して、次の繰り返し処理にスキップ
delete	配列のキーと値を削除
do	繰り返し処理（条件は後判定）
exit	残りの入力をスキップして、END アクションを実行
for	繰り返し処理
if	条件分岐
next	現在の入力レコードの処理を終了して、次のレコードに進む
print	標準出力に出力
printf	書式に従って、文字列に変換して標準出力に出力
switch	繰り返し処理
while	繰り返し処理（条件は前判定）

17-2 awk を使った実行例

●出力

標準出力には、「print」や「printf」を使います。テキスト操作の中でフィールドを指定する時には、$n（n 番目）を使って指定します。変数に値を代入して使うこともできます。

```
taro@localhost:~$ echo | awk '{str="Hello";print str}'
Hello
```

出力の書式は、「printf」で指定できます。

```
taro@localhost:~$ echo | awk '{str="Hello"; printf "%8s\n",
str}'
   Hello
taro@localhost:~$ echo | awk '{int1=1;int2=10; printf "%03d
%03d\n", int1, int2}'
001 010
```

●置換

「gsub」関数は、レコード内の対象を全て置換します。

```
taro@localhost:~$ echo | awk '{str="2021/09/09"; gsub("/","-
",str); print str}'
2021-09-09
```

「sub」関数は、レコード内で発見した１つ目を対象として置換します。

```
taro@localhost:~$ echo | awk '{str="2021/09/09"; sub("/","-
",str); print str}'
2021-09/09
```

●区切り文字

入力区切り文字（FS）

入力時の区切り文字は、FS 変数で定義するか、「awk」の「-F」オプションで指定できます。

```
taro@localhost:~$ tail -n 5 /etc/passwd | awk 'BEGIN {FS=":"}
{print $1,$7}'
systemd-coredump /usr/sbin/nologin
taro /bin/bash
lxd /bin/false
mysql /bin/false
usbmux /usr/sbin/nologin
```

出力区切り文字（OFS）

出力時の区切り文字は、OFS 変数で定義することができます。

```
taro@localhost:~$ tail -n 5 /etc/passwd | awk 'BEGIN
{FS=":";OFS=":"} {print $1,$7}'
systemd-coredump:/usr/sbin/nologin
taro:/bin/bash
lxd:/bin/false
mysql:/bin/false
usbmux:/usr/sbin/nologin
```

●処理中の行数、列数

処理中のレコードはNR 変数に格納されます。レコード内にあるフィールド数は、NF 変数に格納されます。

```
taro@localhost:~$ tail -n 5 /etc/passwd | awk 'BEGIN
{FS=":";OFS=":"} {print "row="NR,$1,"colun="NF}'
row=1:systemd-coredump:colun=7
row=2:taro:colun=7
row=3:lxd:colun=7
row=4:mysql:colun=7
row=5:usbmux:colun=7
```

●条件分岐

if

条件分岐は、「if」構文を使います。評価条件の論理積（AND）は、「&&」で記述し、論理和（OR）は、「||」で記述します。

```
taro@localhost:~$ tail -n 5 /etc/passwd | awk 'BEGIN
{FS=":";OFS=":"} {if(NR%2==0){print "row="NR,$1}}'
row=2:taro
row=4:mysql
```

偶数行かつ第 2 フィールドの文字数が、5 文字未満の条件設定は、次の通りです。

```
taro@localhost:~$ tail -n 5 /etc/passwd | awk 'BEGIN
{FS=":";OFS=":"} {if(NR%2==0 && length($1)<5){print
"row="NR,$1}}'
row=2:taro
```

switch

値を評価して、処理を変更するには、「switch」構文が利用できます。

```
taro@localhost:~$ tail -n 5 /etc/passwd | awk 'BEGIN
{FS=":";OFS=":"} {i=NR%2;switch(i){case 1:print
"row="NR,$1;;}}'
row=1:systemd-coredump
row=3:lxd
row=5:usbmux
```

●繰り返し

while

実行回数が未定で処理の繰り返しは、「while」構文が利用できます。指定した条件は、先に評価が行われ、評価結果が真である時に「{ }」ブロック内が処理されます。

```
taro@localhost:~$ echo | awk '{i=1;while(i<10)
{printf("%2d",i);i++;}printf("\n")}'
 1 2 3 4 5 6 7 8 9
```

条件に 1 を設定した時は、無限ループとして処理されます。無限ループからの脱出には、「if」構文を使って、処理を中断する条件を定義する必要があります。処理の中断には、「break」を用います。

do~while

処理を実行した後に条件を評価する時は、「do ～ while」構文をを利用します。「while」構文と比較して、初回は必ず実行されるという違いがあります。

```
taro@localhost:~$ echo | awk '{i=1;do{printf("%2d",i);i++}
while(i<10)printf("\n")}'
 1 2 3 4 5 6 7 8 9
```

for

繰り返し回数が決まっている時は、「for」構文で記述できます。

```
taro@localhost:~$ echo | awk '{for(i=0;i<5;i++)
{printf("%2d",i)}printf "\n"}'
 0 1 2 3 4
```

18 セキュリティ

インターネットの普及・利便性向上に伴い、不正アクセスの件数や、脆弱性の利用による被害件数は増大しています。

多くのサービスを享受できるということは、サービスに関する情報の量も増加するため、これらのサービスを標的とした攻撃も増加するということです。

オープンソースのソフトウェアには、セキュリティの強化や脅威の調査に役立つ様々な機能があります。こうした機能を活用して、システムのセキュリティ対策を施すことができる必要があります。

ここでは、システムに対するセキュリティ対策の手法を紹介しますが、システム全体のセキュリティ対策を万全にするためには、オープンソースだけでなく、システムのネットワークに影響するファイアウォール機器や、マルウェア対策といった外部の機器に頼ったソリューションについても、同時に検討しておく必要があります。

他にも、通信の内容や扱うファイル等の漏洩に備えた、暗号技術についても理解が必要です。

18-1 セキュリティ管理

セキュリティ業務には、様々なタスクが存在しています。

通信の遮断といった防御に関するシステムの導入や設定作業も含ま

れますが、使用している機器やソフトウェアの脆弱性は日々発見され、かつ脆弱性を悪用した攻撃手法も進化していくため、万全なセキュリティ対策というものは存在しません。これに対抗するためには、日々セキュリティのログを収集し、システムを点検していくことが重要となります。

オープンソースの代表的な情報収集ツールの概要やツールを有効活用して、セキュリティ情報の収集とその結果を利用することで、継続的にセキュリティの改善を行うことができます。

●セキュリティ情報の収集

セキュリティ情報の１つとして、「脆弱性関連情報」があります。脆弱性情報は、取り扱うソフトウェアやサービスに関するセキュリティ上の欠陥を扱ったもので、放置しておくと不正アクセスやウイルス感染などの危険性が高くなります。これらの情報を扱う上で、セキュリティに関する用語や指標を事前に理解しておくことが望ましいといえます。

用語／指標	概要
CVE	301..
CWE	302..
CVSS	303..

CVE（Common Vulnerabilities and Exposures）

個別製品中の脆弱性に一意の識別番号「CVE 識別番号（CVE-ID）」を付与することにより、「304..
....」を判断できます。また、対策情報同士の相互参照や関連付けに利用されます。

CWE（Common Weakness Enumeration）

「305 ………………………………………………………………………………………………
……………」ための共通の基準で、脆弱性検査ツールなど、ソフトウェアのセキュリティを向上させるためのツールの標準の評価尺度として利用されます。

CVSS（Common Vulnerability Scoring System）

情報システムの脆弱性に対するオープンで汎用的な評価手法であり、ベンダーに依存しない共通の評価方法を提供しています。「CVSS」を用いると、「306 ………………………………………………………………………」ようになります。

セキュリティ情報収集

インターネットの普及により、様々なメディアからセキュリティ情報の収集ができるようになっています。

次の表は、代表的な組織による脆弱性情報を提供するウェブサイトですが、SNS やメーリングリストによる情報発表も行われています。

また、個別にソフトウェアを扱う企業や団体においてもセキュリティ情報は発信されています。

組織	概要
CERT/CC	セキュリティの専門家から構成される組織であり、セキュリティ事故・啓蒙情報を提供 国内には、JPCERT/CC〔※14〕があり、国内向けの情報を展開中
NVD	NIST が管理している脆弱性情報データベース 国内には、JVN〔※15〕があり JPCERT/CC と IPA で共同管理している

〔※14〕JPCERT/CC（https://www.jpcert.or.jp/）〔※15〕JVN（https://jvn.jp/）

18-2 暗号化・復号

暗号化は、通信、データをそのままの状態（RAW データ）では、読めなくする技術です。通信で利用する暗号化の代表プロトコルには、主にウェブで利用される「SSL（Secure Socket Layer）/TLS（Transport Layer Security）」が有名です。ほかには、主に遠隔操作として利用する「SSH（Secure Shell）」があります。この 2 つのプロトコルは、共に「認証」と「暗号化 / 復号」が行えるものです。

データの暗号化には、「パスワード付き zip（非推奨）」、「openssl」コマンド、「GNU Privacy Guard（GnuPG）」の利用などがあります。これ以外にも、暗号化機能を提供するファイルシステムもあります。データの受け渡し方法に応じて、暗号化の選択肢から要件に合致したものを利用できる必要があります。

18-3 ファイアウォール

ファイアウォールは、主に管理ネットワークの境界に設置されます。管理外から内部に向かう通信の防御だけでなく、外部へ向けた不必要な通信の制御を行う役割を持っています。ファイアウォールの実装方式は、「パケットフィルタ型」、「サーキットレベルゲートウェイ型」、「アプリケーションゲートウェイ型」のように、OSI 参照モデルのレイヤによって分類され、利用できる機能に違いがあります。

● iptables

多くの Linux のファイアウォールは、iptables によって構成されます。

iptables は、「307..」のファイアウォール機能です。iptables は、パケットフィルタファイアウォール以外にも、アドレス変換（NAT:Network Address Translation）を実装することもできます。

パケットフィルタリングは、通信の内容（主にヘッダ部分）を検査して、該当の条件に対して設定した動作（通過、遮断、転送）を実行します。

アドレス変換は、該当の条件に対する IP アドレス（主に送信元アドレス）を、別の IP アドレスに書き換える動作を行います。

テーブルとチェイン

通信を検査する条件をリスト化したものを「チェイン」といいます。あらかじめ用意されているチェインには、「INPUT（入力）」、「OUTPUT（出力）」、「FORWARD（転送）」、「PREROUTING（受信時の変換）」、「POSTROUTING（送信時の変換）」があります。

テーブル名	filter	nat	mangle
利用できるチェイン	FORWARD	PREROUTING	PREROUTING
	INPUT	POSTROUTING	POSTROUTING
	OUTPUT	OUTPUT	-

チェインをグループ化したものは、テーブルといいます。

あらかじめ用意されているテーブルには、「filter（パケットフィルタ用）」、「nat（アドレス変換用）」、「mangle（NAT 以外の目的での変換用）」があります。

テーブル名	対象
filter	パケットフィルタリング
nat	アドレス変更
mangle	パケット内容の変更

「iptables」コマンドの基本形式は、次の通りです。

```
iptables [-t table] <Command>
```

主な Command	説明
-A <chain> <rule>	チェインにルールを追加（Append）
-D <chain> <rule>	チェイン内の指定したルールを削除（Delete）
-F [<chain> [<num>]] [option…]	指定したルールを削除（無指定は全てを対象）
-I <chain> [<num>] <rule>	チェインにルールを挿入（Insert）
-P <chain> <target>	チェインのデフォルトポリシーを指定（Policy）
-R <chain> <num> <rule>	チェインの指定行のルールの置換（Replace）
-N <chain>	ユーザーチェインを作成（New Chain）
-X [<chain>]	ユーザーチェインを削除（Delete Chain）
-L	ルールのリスト表示（List）

「iptables」内に記載するルールの基本書式は次の通りです。

```
[<matches…>] -j <target>
```

フィルタリングの条件として指定できる主な内容は、次の通りです。

maches	説明
-s <address>	送信元アドレス（IP アドレス、ホスト名指定）
-d <address>	宛先アドレス（IP アドレス、ホスト名指定）
-p <protocol>	プロトコル（tcp/udp/icmp/all/(etc…)）指定
-i <name>	対象入力インターフェース指定
-o <name>	対象出力インターフェース指定

ターゲットとして指定できる内容は、次の通りです。

target	説明
ACCEPT	通信を許可
DROP	通信を破棄
REJECT	通信を破棄（送信元に通知）
LOG	ログに記録
SNAT	送信元アドレスの変換
DNAT	宛先アドレスの変換

nftables

nftablesは、「iptables/ip6tables/arptables/ebtables」の機能を統合したファイアウォールです。従来は、それぞれのソフトウェアで、個別に行っていた設定を集中管理することができます。また、スクリプトによって、構成することもできるようになっています。
「nftables」は、「nft」コマンドで操作を行います。

「nft」コマンドの基本形式は、次の通りです。

```
nft [options…] [cmd…]
```

「iptables」ユーティリティーと「nftables」の相関関係は、次の表に示す通りです。

nftables	iptables ユーティリティー
ip	308...............
ip6	309.................
inet	310...................................
arp	311.................
bridge	312................

● ufw

「ufw（Uncomplicated Firewall）」は、主に Ubuntu で採用されているファイアウォール管理ソフトウェアで、iptables（netfilter）の CLI で扱う管理プログラムです。GUI 用の「gufw」は、直感的にファイアウォールを操作することができます。

「ufw」コマンドの基本形式は、次の通りです。

```
ufw <Command>
```

主な Command	説明
enable|disable|reload	有効化 / 無効化 / 設定の再読み込み
default allow|deny|reject	デフォルトポリシーの指定
logging on|off|LEVEL	ロギングの有効 / 無効 / レベル指定
reset	設定のリセット
status	状態表示
show raw|builtins|before-rules|after-rules|listening…	レポートの表示
allow <ARGS>	通信許可設定
deny <ARGS>	通信拒否設定
reject <ARGS>	通信拒否設定
delete RULE|NUM	ルールの削除
insert NUM RULE	ルールの挿入
app list	アプリケーションリストの表示

/etc/default/ufw

「ufw」の基本設定ファイルは、「/etc/default/ufw」で、全体的な設定を行います。

◉ ipv6の有効・無効
◉ INPUT/OUTPUT/FORWARDでのデフォルトポリシーの設定

などが行えます。

/etc/ufw/application.d/

「/etc/services」ファイルに記載のないアプリケーションを、このディレクトリ配下に定義ファイルを置くと利用できるようになります。

アプリケーション定義のフォーマットは次の通りです。

```
[name]
title=<title name>
description=<application description>
ports=<port>/<protocol>
```

● firewalld

RHEL 7以降では、システムのファイアウォールのサービスが、「iptables」から「firewalld」に変更されています。

Firewalldのパケットフィルタリングは、「313…………………………………………」となっており、通信を許可するルールを追加する「ホワイトリスト形式」で操作（block/dropゾーンを除く）します。

また、Firewalldの操作および設定は、「firewall-cmd」コマンドを使って行います。

「firewall-cmd」コマンドの基本形式は、次の通りです。

```
firewall-cmd [options…]
```

主なオプション	説明
--state	firewalld の状態確認
--reload	firewalld ルールの再読み込み
--runtime-to-permanent	runtime 設定を permanent 設定に保存
--permanent	runtime 設定せずに、permanent 設定に保存
--get-default-zone	デフォルトゾーンの表示
--set-default-zone=<zone>	デフォルトゾーンの設定
--get-active-zones	アクティブなゾーンを表示
--add-service=<srv>	サービスをゾーンに追加
--add-port=<port/protocol>	ポート番号 / プロトコルをゾーンに追加
--service=<srv> --set-destination=<ipv/addr/mask>	サービスの宛先（ipv4|ipv6）を設定
--remove-service=<service>	サービスをゾーンから除外
--remove-port=<port/protocol>	ポート番号 / プロトコルをゾーンから除外

Firewalld のルールは、メモリ上で動作しているルール(runtime rule)と、ファイルシステム上に保存しているルール（permanent rule）の 2 種類があり、「firewall-cmd」コマンドのオプション（--permanent）の有無によって操作対象が変わります。

同時に 2 種類のルールに向けて、設定を適用することができないので、一旦どちらかのルールを設定後、もう一方のルールと同期するといった手順を踏む必要があります。
「firewall-cmd」コマンド操作によるルールへの適用は、図に示すように「runtime rule」は、「--reload」によって「permanent rule」と同期し、「permanent rule」は、「--runtime-to-permanent」によって、「runtime rule」と同期します。

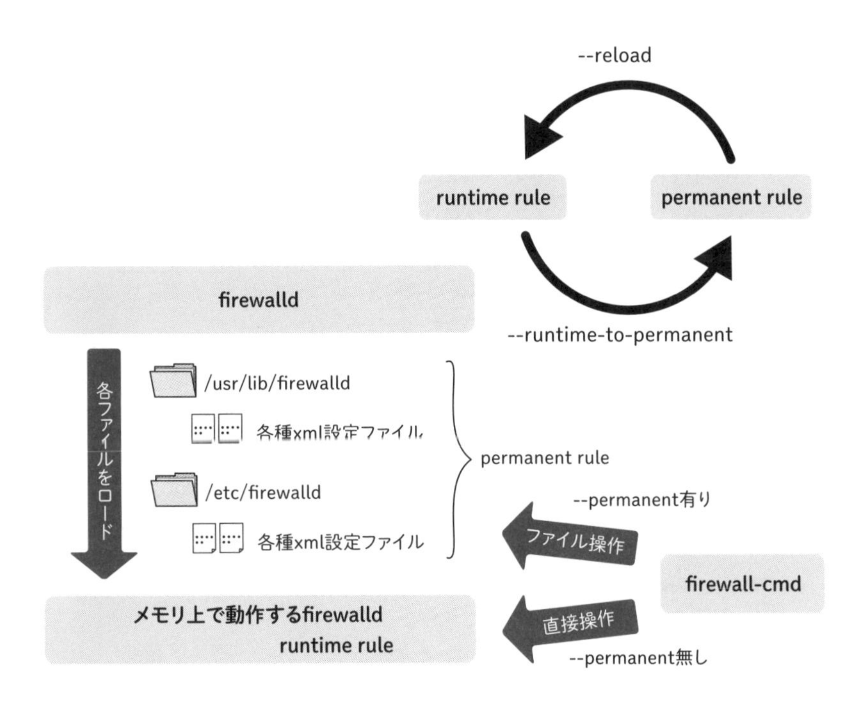

ゾーン

「Firewalld」にはゾーンという概念があり、ゾーンにファイアウォールの設定を適用します。ゾーンは、「314..」でアクティブ化されます。また、1つのネットワークインターフェースを複数のゾーンに関連付けることはできません。

ゾーンは、初期値として次の表に示す9種類があります。

初期状態として登録されている構成は、次のように確認することができます。

ゾーン名	主な使用用途
public	デフォルトで有効なゾーンで、dhcpv6とsshが許可されている。
work	職場のクライアントPC向けに最低限必要な通信許可が設定されている。
home	家庭のクライアントPC向けに最低限必要な通信許可が設定されている。
internal	ルーター用途として、LAN側向けの通信許可が設定されている。
external	ルーター用途として、WAN側向けの通信許可が設定されている。
dmz	ルーター用途として、DMZ（非武装地帯）向けの通信許可が設定されている。
block	受信したパケットを全て拒否する設定がされている。
drop	受信したパケットを全て破棄する設定がされている。
trusted	受信したパケットを全て許可する設定がされている。

```
[taro@localhost ~]$ sudo firewall-cmd --list-all --zone=home
home
  target: default
  icmp-block-inversion: no
  interfaces:
  sources:
  services: cockpit dhcpv6-client mdns samba-client ssh
  ports:
  protocols:
  forward: no
  masquerade: no
  forward-ports:
  source-ports:
  icmp-blocks:
  rich rules
```

また、有効になっているゾーンは、次のように確認することができます。

```
[taro@localhost ~]$ sudo firewall-cmd --get-active-zones
public
  interfaces: enp0s3
```

あらかじめ用意されているゾーン以外に、独自に用意するゾーンの追加、変更、削除ができます。

```
[taro@localhost ~]$ sudo firewall-cmd --new-zone=000_myzone
--permanent
success
[taro@localhost ~]$ sudo firewall-cmd --reload
success
[taro@localhost ~]$ sudo firewall-cmd --get-zones
000_myzone block dmz drop external home internal nm-shared
public trusted work
[taro@localhost ~]$ sudo firewall-cmd --delete-zone=000_myzone
--permanent
success
[taro@localhost ~]$ sudo firewall-cmd --reload
success
[taro@localhost ~]$ sudo firewall-cmd --get-zones
block dmz drop external home internal nm-shared public trusted
work
```

アクティブゾーンとして動作するには、「315..」が必要です。有効になったゾーンは、該当するパケットになるまでの間、次の順序でパケットを処理していきます。

❶ **Sourceが設定されたゾーンまたは、Rich Rulesを満たしたゾーンで処理**

❷ **インターフェースに紐づいたゾーンで処理**

❸ **Firewalldのデフォルトアクションを適用（icmpのみ受け入れ）**

通信許可設定

あらかじめ「xml」ファイルで定義されているサービスは、ゾーンに対して通信の許可サービスとして登録することができます。

目的のサービスが登録されているかは、「firewall-cmd」コマンドを使って確認することができます。登録されているサービスの情報は、「/usr/lib/firewalld/services/」ディレクトリに置かれた「xml」ファイルを元に生成されています。

目的のサービスが存在していない時は、サービスの定義を独自に作ることもできます。

「/usr/lib/firewalld」ディレクトリには、インストールしたサービスの初期値が登録されたファイルが格納されているので、「xml」フォーマットに従って、「/etc/firewalld/services/」ディレクトリに目的のサービスを定義した「xml」ファイルとして配置後に有効にすると、目的のサービスが表示されるようになります。

また、既に登録されているサービス内容をカスタマイズしたい時も、「/usr/lib/firewalld/services/」ディレクトリのファイルは変更せずに、「/etc/firewalld/services/」ディレクトリにカスタマイズした「xml」ファイルを配置することで、そのサービスを利用することができます。

この設定を有効にするには、firewalld のサービス再起動または設定再読み込みが必要となります。

```
[taro@localhost ~]$ sudo firewall-cmd --reload
```

目的のサービスやカスタマイズしたサービスは、ゾーンに適用すると通信に影響を与えるようになります。

通信拒否設定

「block」や「drop」ゾーンにアドレス情報（Source）を登録すると、「316..」となります。2 つのゾーンの違いは、通信元に通知をする（「block」）か、通知をしない（「drop」）です。

次の例は、「drop」ゾーンに「10.0.0.0/24」ネットワークのアドレスを送信元にする通信を拒否するルールを追加しています。

```
[taro@localhost ~]$ sudo firewall-cmd --add-source=10.0.0.0/24
--zone=drop
success
```

Rich Rulesを使った設定

「Rich Rules」を使うと、「317..」ことができます。

「指定したサービス名」かつ「通信元が特定のアドレス空間」の時といった複数の条件を設定できるようになります。

次の例は、「http」プロトコルで、送信元アドレスが「192.168.0.0/24」を「Rich Rules」を使って指定しています。

```
[taro@localhost ~]$ sudo firewall-cmd --add-rich-rule='rule
family=ipv4 source address="192.168.0.0/24" service name="http"
accept'
success
```

18-4 クラウドセキュリティ

サーバシステムの運用を行う時に、従来は「オンプレミス」といった自社内あるいはデータセンターにIT機器を設置して、情報システムを保有する形態が主流となっていました。

さらに現在では、IT機器を自社で保有しない、「クラウド」を使った情報システムの利用形態が選択できるようになっています。「クラウド」は、サーバ、ストレージおよびネットワークなどのコンピュータリソースを、必要に応じた大きさで利用することができるシステムです。

利用するリソースも、後から変更することができるため、小規模で開始できるなどの初期コストを低く抑えることができる柔軟性を持っています。

●クラウドセキュリティ

「クラウド」は、大きく「パブリッククラウド」と「プライベートクラウド」に分類することができます。
「パブリッククラウド」は、「318………………………………………………………………………………………………」します。これに対して「プライベートクラウド」は、「319…………………………………………」が提供されます。
　セキュリティリスクについては、各社が提供するクラウドの特徴を理解した上で、用意されているサービスが求める水準に達していることを事前に確認の上、利用形態を選択する必要があります。

クラウドの実装形態	概要
パブリッククラウド	320………………………………………………………………………………………… 利用者は、ハードウェアリソースを所有することなく、提供されたリソースを複数の利用者で共有 サービス例：AWS/Azure/GCP 等
プライベートクラウド	321……………………………………………………で、オンプレミス型とホスティング型に分類 オンプレミス型：自社内でクラウド基盤を構築 ホスティング型：事業者のクラウド基盤を専用基盤で提供
ハイブリッドクラウド	プライベートクラウドとオンプレミスの組み合わせ形態

　オンプレミスも実装形態によって、分類することができます。

オンプレミスの実装形態	概要
自社所有・設置	322..
ハウジング	323..
ホスティング	324..

クラウドのサービス提供範囲について

クラウドサービス事業者の提供するサービス形態や規模によって、利用者側の負担する料金や責任範囲は異なります。利用したい機能が、特定の Web アプリケーションのみで済む時は「SaaS」、独自のシステムをクラウド上に構築したい時は「IaaS」など、利用目的に応じた適切なサービス形態を選択する必要があります。また、選択したサービス形態に応じて、責任分界点が変わってきます。

クラウドサービスの形態	概要
IaaS (Infrastructure as a Service)	325...を提供 基板上の各要素（ゲスト OS やアプリケーションの管理、データベースの管理、アクセス管理、データ保護など）の責任は、利用者が負う
PaaS (Platform as a Service)	326...を提供 OS 上で稼働する各要素(アプリケーションやデータベースの管理、アクセス管理、データの保護など)の責任は、利用者が負う
SaaS (Software as a Service)	327...を提供 Web アプリケーション上のデータ保護の責任は、利用者が負う

リージョンについて

クラウドサービスのデータを格納するストレージは、基本的にクラウド事業者が管理するデータセンターにあります。この「328.........................

……………………………………」を「リージョン」といいます。

「リージョン」は災害対策などの観点から、それぞれ地理的に離れていて、独立して管理されています。

大手クラウド事業者は、世界各地にリージョンを展開し、さらに１つの国の中にも複数のリージョンを用意しています。国内から海外のリージョンも利用できますが、格納されるデータの種類によっては、法令により国外持ち出しに制限を加えられる時もあるため、システムの利用用途や条件を念頭に置いてリージョンを選択する必要があります。

また、海外リージョンを利用する時、選択したリージョンの捜査機関などに機密データが流出するリスクも考慮する必要があります。

パブリッククラウドの揮発性ストレージの利用について

クラウドのサーバインスタンスは、恒久的にデータが保持可能なストレージのほかに、一時的なデータボリュームとして使用する揮発性ストレージが使用できます。このストレージは、「329……………………………………………………………………………………」特性を持っています。このため、揮発性ストレージの活用方法を理解しておく必要があります。

具体的には、システム上で利用する一時ファイルの生成場所として活用する、または定期的なバックアップの一時保管場所といった活用方法があります。

クラウドサービス事業者の制約による管理について

クラウドは、計画的なタイミングで、メンテナンスあるいは再起動が行われる時があります。

これらの多くのは、契約書に明記されていますが、書類上記載のない緊急メンテナンスなどの計画外のタイミングについては、クラウド事業者側から通知があるので、こういった情報に対しても適宜対応できる体制を準備しておく必要があります。

また、クラウド基盤を構成するハードウェアやネットワークの障害により、予期しないタイミングでインスタンスが停止、もしくは再起動する可能性もあります。

システム管理者は、こうした状況に備えた体制を整えた状態を構築し、利用者への迅速な通知の準備、メンテナンス・障害対応手順の整備や事前訓練など、システムの重要性に応じて適切に準備しておく必要があります。

パブリッククラウドへのアクセス経路や認証方式について

パブリッククラウドへのアクセスは、主にインターネットを経由して行うため、ファイアウォール機能のようなアクセス制御や、強固な認証を使って不正アクセスを防止する必要があります。

クラウドサービス事業者がこうしたセキュリティ機能を提供しているかという点も、サービス選定における重要な要素となります。

アクセス制御や認証	概要
アクセス制御	クラウドサービス事業者は、ファイアウォール機能などのアクセス制御機能を提供 例）特定の発信元 IP アドレスからの通信を許可 特定のサービスポート宛の通信を許可等のアクセス制御
多要素認証	ID とパスワードの組み合わせによるログイン認証以外に、追加の認証要素を組み合わせてセキュリティを強化（二要素認証） 例）利用者が設定したパスワードで認証後、セキュリティトークンで生成されたワンタイムパスワードの利用
多段階認証	2 回以上の認証を行う仕組みで、同じ認証要素(ID とパスワードの組み合わせなど）を繰り返し使う 例）利用者が 2 つのパスワードをあらかじめ設定しておき、認証の際にパスワードを 2 回入力

19 コンテナ

コンテナ型仮想化は、「330……………………………………………………………」する方式です。オーバーヘッドが少なく、プロセッサやメモリの消費は、仮想マシンを別に用意するよりも少なくなります。コンテナ型仮想化を利用するには、コンテナ管理ソフトウェアが必要です。仮想化コンピュータとコンテナの違いは、「331………………………………………………………………………………………………」にあります。

コンテナとコンテナの間は、それぞれ独立したプロセスで実行環境を持っています。したがって、コンテナから別のコンテナで動作しているプロセスを参照することはできないように設計されています。

19-1 Docker

コンテナ型仮想化を利用する、代表的なコンテナ管理ソフトウェアに、Docker 社が提供する「Docker」があります。コンテナの起動や停止の方法は、コンテナ管理ソフトウェアや利用バージョンによって異なります。
「Docker」はテンプレートとなる「Docker イメージ」を、公開されている「Docker レジストリ」から入手できるほか、独自に作成することができます。

Docker には、商用版の「Docker Enterprise Edition」と無償版の

「Docker Community Edition」が用意されています。

● Docker のインストール

Docker は、ディストリビューションによって、事前にリポジトリ登録されていないものもあります。Docker のパッケージは、Docker リポジトリによって公開されているので、リポジトリの登録 [※16] を行えた後は、Linux のパッケージマネージャコマンドを使って Docker をインストールすることができます。

次の例は、Ubuntu で Docker リポジトリの登録および「docker-ce」のインストール操作です。

```
taro@localhost:~$ sudo apt update
taro@localhost:~$ sudo apt install ca-certificates curl gnupg
lsb-release
taro@localhost:~$ curl -fsSL https://download.docker.com/
linux/ubuntu/gpg | sudo gpg --dearmor -o /usr/share/keyrings/
docker-archive-keyring.gpg
taro@localhost:~$ echo "deb [arch=$(dpkg --print-architecture)
signed-by=/usr/share/keyrings/docker-archive-keyring.gpg]
https://download.docker.com/linux/ubuntu $(lsb_release -cs)
stable" | sudo tee /etc/apt/sources.list.d/docker.list > /dev/
null
taro@localhost:~$ sudo apt update
taro@localhost:~$ sudo apt-get install docker-ce docker-ce-cli
containerd.io
```


〔※16〕Installation per distro:https://docs.docker.com/engine/install/

● Dockerの操作

「Docker」は、サーバクライアント方式のソフトウェアです。「Docker」の操作コマンドを実行するには、事前に「Docker」サービスが起動している必要があります。

「Docker」サービスが起動していることを確認するには、次のようにコマンドを実行します。

```
taro@localhost:~$ sudo systemctl status docker
● docker.service - Docker Application Container Engine
     Loaded: loaded (/lib/systemd/system/docker.service;
enabled; vendor preset: enabled)
     Active: active (running) since Thu 2022-01-27 11:49:56
JST; 27s ago
```

「Docker」サービスが停止状態（inactive）であった時は、サービスを起動する必要があります。

```
taro@localhost:~$ sudo systemctl start docker
```

　コンテナイメージは、「docker」コマンドとサブコマンドで操作します。

「docker」コマンドの基本形式は、次の通りです。

```
docker [options…] <command> [<argument>…]
```

command	説明
pull	Docker イメージの取得
images	取得した Docker イメージの一覧を表示
create	Docker イメージで、停止状態のコンテナを作成する
run	Docker イメージでコンテナを作成し、コマンドを実行
ps	起動中のコンテナの一覧を取得
attach <id|name>	コンテナに接続
exec	起動中のコンテナにログイン
start	指定したコンテナを起動
stop	指定したコンテナを停止
restart	指定したコンテナを再起動
pause	指定したコンテナを一時停止
unpause	指定したコンテナを一時停止から解除
rm	指定したコンテナを削除
rmi	指定したイメージを削除
import	tar ファイルから Docker イメージを読み込んで作成
commit	コンテナの変更内容をもとに、新しい Docker イメージを作成

Docker イメージを Docker レジストリから取得して、コンテナとして起動するまでの流れは次の通りです。

```
[taro@localhost ~]$ sudo docker pull centos
Using default tag: latest
latest: Pulling from library/centos
a1d0c7532777: Pull complete
Digest: sha256:a27fd8080b517143cbbbab9dfb7c8571c40d67d534bbdee
55bd6c473f432b177
Status: Downloaded newer image for centos:latest
docker.io/library/centos:latest
[taro@localhost ~]$ sudo docker run -it centos:latest /bin/bash
[root@1d756ff79421 /]# yum install -y epel-release
[root@1d756ff79421 /]# yum install -y figlet
```

コンテナ上で「exit」コマンドの実行や「Ctrl」+「d」キーの押下を行うと、ログアウトしてコンテナは停止します。抜けたコンテナにアクセスする時は、停止しているコンテナを起動する必要があります。

コンテナ操作中にデタッチ操作を行うと、コンテナを動作させたままの状態でホストOSのコンソールに戻ることができます。

デタッチ操作は、次の通りです。

```
[Ctrl]+[p] [Ctrl]+[q]
```

起動中のコンテナに対して、新たにシェル起動した時は、「exit」コマンドでコンテナから抜けても、そのコンテナは停止せずに動作した状態を継続します。

```
[taro@localhost ~]$ sudo docker exec -it wonderful_kepler /bin/
bash
[root@1d756ff79421 /]# exit
[taro@localhost ~]$ sudo docker ps
CONTAINER ID   IMAGE              COMMAND         CREATED
STATUS                 PORTS      NAMES
1d756ff79421   centos:latest   "/bin/bash"   About an hour ago
Up About an hour                  wonderful_kepler
```

　また、動作中のコンテナに対して、コマンドを実行させることもできます。

```
[taro@localhost ~]$ sudo docker ps
CONTAINER ID   IMAGE            COMMAND       CREATED
STATUS          PORTS      NAMES
1d756ff79421   centos:latest   "/bin/bash"   4 minutes ago
Up 4 minutes                 wonderful_kepler
[taro@localhost ~]$ sudo docker exec wonderful_kepler figlet
"hello"
 _          _ _
| |__   ___| | | ___
| '_ \ / _ \ | |/ _ \
| | | |  __/ | | (_) |
|_| |_|\___|_|_|\___/

[taro@localhost ~]$
```

動作中のコンテナの環境に、変更を加えた状態をイメージにすることもできます。この例では、「wonderful_kepler」の名前を持つコンテナは、CentOS のクリーンな状態イメージです。figlet パッケージを導入した状態のコンテナを、「figlet_centos」というリポジトリ名でイメージを作成することができます。

```
taro@localhost:~$ sudo docker commit wonderful_kepler figlet_
centos
sha256:e6b65eb82e58dc4848e187e82faff1d03c4a3e37512198feca22f1
451658d9d8
taro@localhost:~$ sudo docker image ls
REPOSITORY       TAG        IMAGE ID        CREATED
SIZE
figlet_centos   latest     e6b65eb82e58   About a minute ago
303MB
centos             latest     1d756ff79421   4 months ago
231MB
taro@localhost:~$ sudo docker run -it figlet_centos /bin/bash
[root@1bbce966b915 /]# figlet linux
 _ _
| (_)_ __  _   ___  __
| | | '_ \| | | \ \/ /
| | | | | | |_| |>  <
|_|_|_| |_|\__,_/_/\_\

[root@1bbce966b915 /]#
```

巻末資料

システム管理操作

Linuxのインストールは、言い換えるとディストリビューションのインストールになります。ここでは、「Raspberry Pi OS」、「Ubuntu」、「Miracle Linux」のインストール方法を説明していきます。

巻末資料 -1 Raspberry Pi OSのインストール

「Raspberry Pi OS」は、専用ハードウェア「Raspberry Pi（通称ラズパイ）」に対応したDebianベースのLinuxです。「Raspberry Pi」は、ハードウェアは小さいながらにも、HDMI端子やUSB端子を持ち合わせており、ネットワークインターフェースも有線、無線の両方に対応したarmアーキテクチャのコンピュータで、ストレージの役割をmicroSDが行います。

● Raspberry Pi Imagerを使ったインストール

Raspberry Pi財団が公式で用意しているmicroSDへのRaspberry Pi OS書き込みソフトウェア[※17]です。Windows向け、macOS向け、Ubuntu向けのソフトウェアが用意されています。

Raspberry Pi Imagerを起動すると、図のような画面が表示されます。

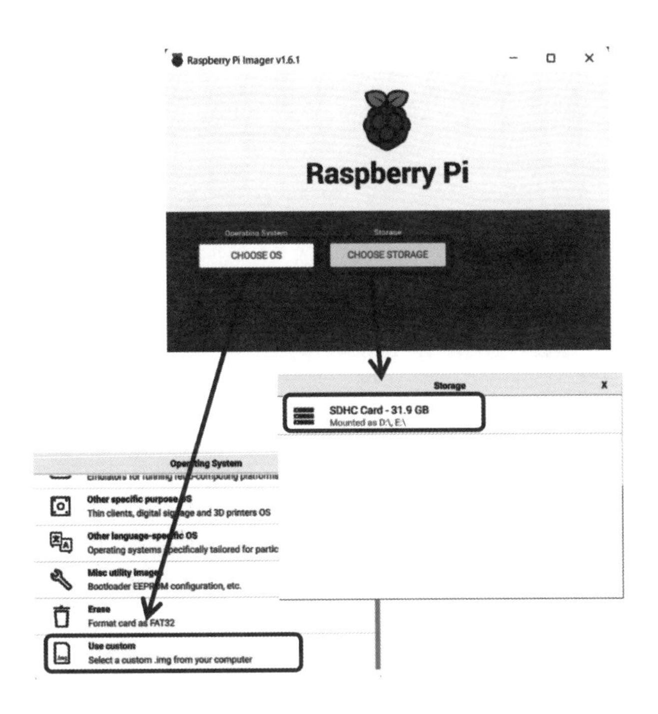

Raspberry Pi OS の OS イメージは 32bit 版と 64bit 版が zip ファイルや xz ファイルで公開されており、公式サイト「https://www.raspberrypi.com/software/operating-systems/」から入手することができます。

ダウンロードした OS イメージは、「CHOOSE OS」ボタンから、目的の OS 種類を選択して、zip ファイルや xz ファイルのまま指定します。図は、64bit を選択した例です。

32bit 版の場合「Raspberry Pi OS(32bit)」
64bit 版の場合「Use custom」

〔※ 17〕Raspberry Pi Imager https://www.raspberrypi.com/software/

microSDを準備した後は、「CHOOSE STORAGE」ボタンより、該当のmicroSDデバイスを指定します。

2つの操作が完了して、イメージが書き込める状態になると、「WRITE」ボタンによって、書き込みを開始することができます。

進行状況表示後、「Write Successful」ダイアログボックスが表示されたら書き込み完了です。

● Raspberry Pi OSの起動

OSイメージを書き込んだmicroSDをRaspberry Pi本体に挿入後、電源を入れると、書き込んだ「Raspberry Pi OS」がグラフィックモードで起動します。

初期段階で登録されているユーザーは「pi」ユーザーで管理者となっています。特権ユーザー操作は、「sudo」コマンドで行います。

登録ユーザー	パスワード
pi	raspberry

外部から操作可能な状態にする際には、パスワードの変更を実施してください。

巻末資料 −2 Ubuntu のインストール

Ubuntu（ウブントゥ）は、コミュニティにより開発されている Debian ベースのオペレーティングシステムです。デスクトップからサーバまで幅広く利用することができます。

ソフトウェアも、家庭・学校・職場で必要とされるワープロやメールソフトから、サーバソフトウェアやプログラミングツールも含まれています。

バージョンも、LTS 版を利用すると、5 年間に渡ってセキュリティアップデートの提供を受けることができます。また日本語環境に特化した「日本語 Remix」も提供されています。

Ubuntu Japanese Team サイト：https://www.ubuntulinux.jp/

事前準備として、インストールするシステムに合わせた iso ファイルをダウンロードして、必要に応じて光学メディアに書き込みます。

Ubuntu のインストール推奨環境は公式サイトにも記載のある通り、次の要件が推奨されます。

- 2GHz デュアルコアプロセッサ以上

- 4GB システムメモリ
- 25GB のハードドライブ空き容量
- DVD ドライブまたは USB ポート（インストールメディアの使用）
- インターネットアクセス（推奨）

ここでは Desktop 版 Ubuntu を使った説明を行います。

インストールメディアを使って、コンピュータブートするとインストーラーが起動します。

はじめに設定するのは、使用言語です。

インストール中およびインストール後の Ubuntu のメッセージ言語環境になります。

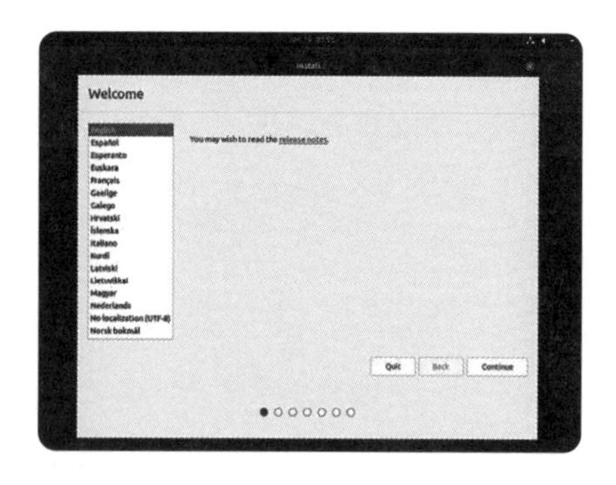

言語環境は、インストール後にも変更可能なので、インストールを進める上で、内容のわかる言語を選択します。

選択が完了した後は、「Continue」ボタンを押して次に進みます。

続いて選択するのは、キーボードのレイアウトです。物理的に接続されているキーボードの種類を指定します。

日本語のキーボードでも種類があり、接続されているキー

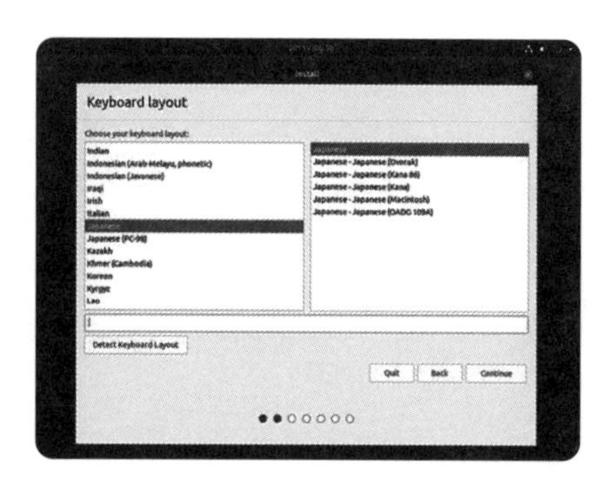

ボードのレイアウトと異なると、正しい文字が入力できませんので、キーボード選択後に「Detect Keyboard Layout」ボタンの上部にあるテキストフィールドで、入力文字の確認をしておきます。

特に、「@」「:」「;」「"」「=」といった記号については、後に困らないように十分に確認しておく必要があります。

選択が完了した後は、「Continue」ボタンを押して次に進みます。

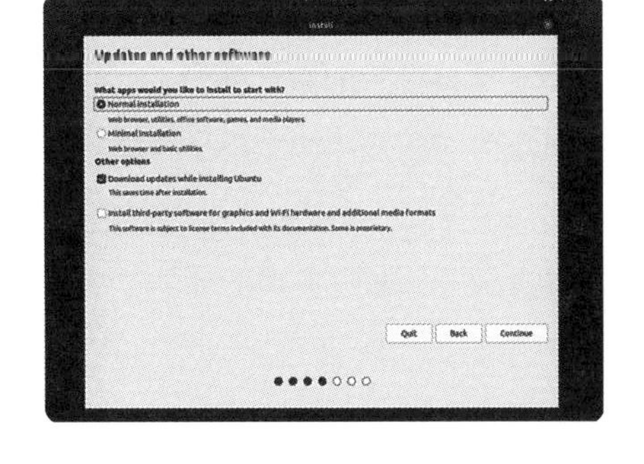

続いて選択するのは、インストールソフトウェアで、「Normal installation」を選択すると、各種ソフトウェアを含めてインストールします。「Minimal installation」を選択すると、基本ソフトウェアとブラウザがインストールされます。

その他に、更新に関するオプションがあります。

選択が完了した後は、「Continue」ボタンを押して次に進みます。

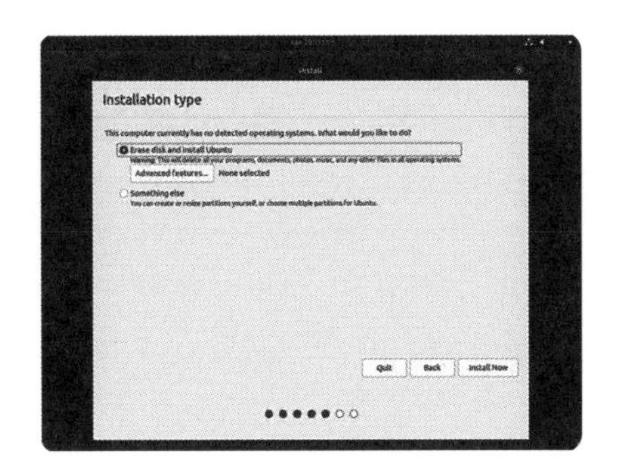

続いて選択するのは、インストールの種類で、「Erase disk and install Ubuntu」では、既存のディスク情報を削除した上で、パーティションは自動で構成されて、インストールを行います。

「Advanced feaures…」ボタンを選択すると、LVM の構成や暗号化などを指定することができます。

「Something else」を選択した時、「Continue」ボタンを押すとパーティション構成を設定できます。

選択した項目でインストールできる時は、「Install Now」ボタンになります。

既存データの削除を含めてパーティションの変更は、ディスク内に含まれるデータの削除が行われますので、最終確認が行われます。

ここで、「Continue」ボタンを押すと、インストールが行われます。

インストール作業中に「タイムゾーン」の指定、ユーザー情報の登録を実施します。

ここで登録するユーザーは、管理者として動作するため「sudo」コマンドが実行できるユーザーです。

インストールが終わると「Installation Complete」メッセージボックスが表示されるとともに「Restart Now」ボタンによって再起動が促されます。再起動後には、1度だけウィザードが実行されて最終設定〔※18〕が行われます。

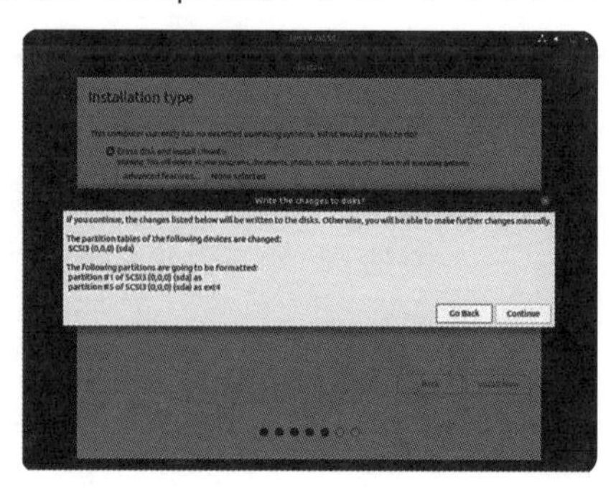

〔※18〕サーバ版の場合は、CLIで起動するため、ウィザードは実行されません。

巻末資料 −3 Miracle Linux のインストール

Red Hat Enterprise Linux 互換のディストリビューションです。従来までは、CentOS がこの役割を担っていましたが、2020 年末に開発方針の変更によって、今後の RHEL 互換のディストリビューション候補となる国産 OS です。

Miracle Linux は、サイバートラスト社によって無償公開されています。

サイバートラスト社：https://www.miraclelinux.com/

事前準備として、インストールするシステムに合わせた iso ファイルをダウンロードして、必要に応じて光学メディアに書き込みます。

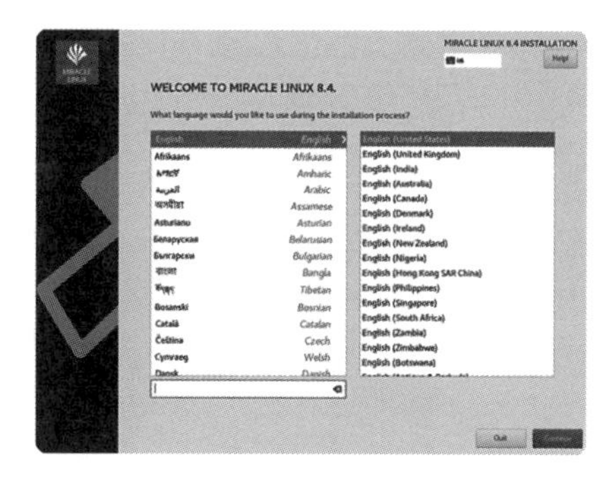

インストールメディアを使って、コンピュータブートするとインストーラーが起動します。

最初に選択するのは言語設定です。

インストール時およびインストール後の表示言語となります。

選択が完了した後は、「Continue」ボタンを押して次に進みます。

　インストール作業において、最低限設定しなくてはいけない箇所は注意マークが表示されている箇所です。このマークが外れない限り右下の「Begin Installation」ボタンは押せないようになっています。

「Keyboard」は、物理的に接続しているキーボードを指定します。
　種類は複数登録されていても、最上位にあるものが利用されます。

「Time & Date」は、タイムゾーンを指定します。

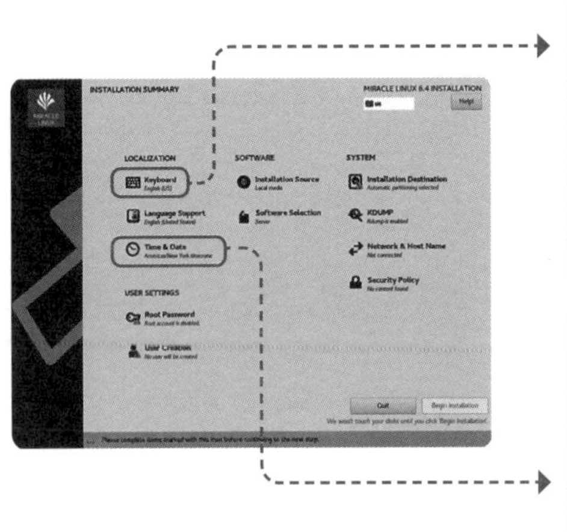

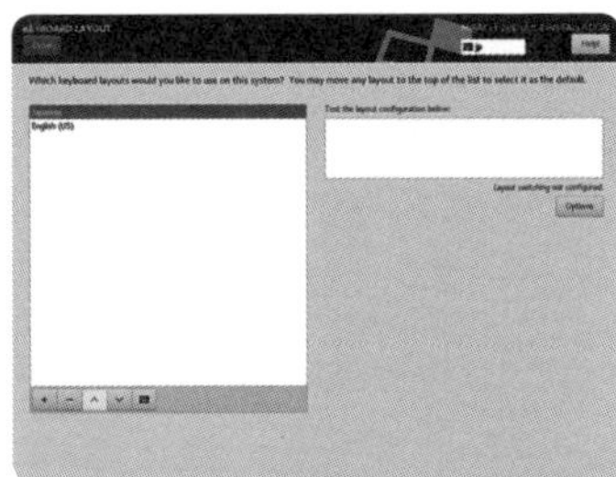

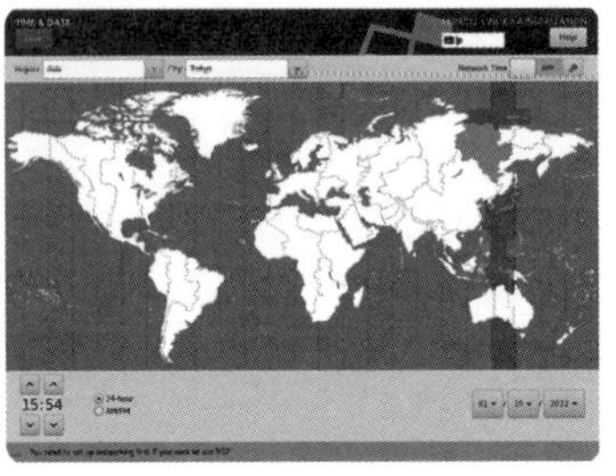

「Installation Destination」は、インストール先のディスクの指定です。あらかじめディスクは選択されている状態ですが、変更の無い時でも一旦この画面に遷移後「Done」を押す必要があります。

「Network & Host Name」では、ネットワークインターフェースの設定を行います。初期値では、DHCP 構成でインターフェースは無効になっています。

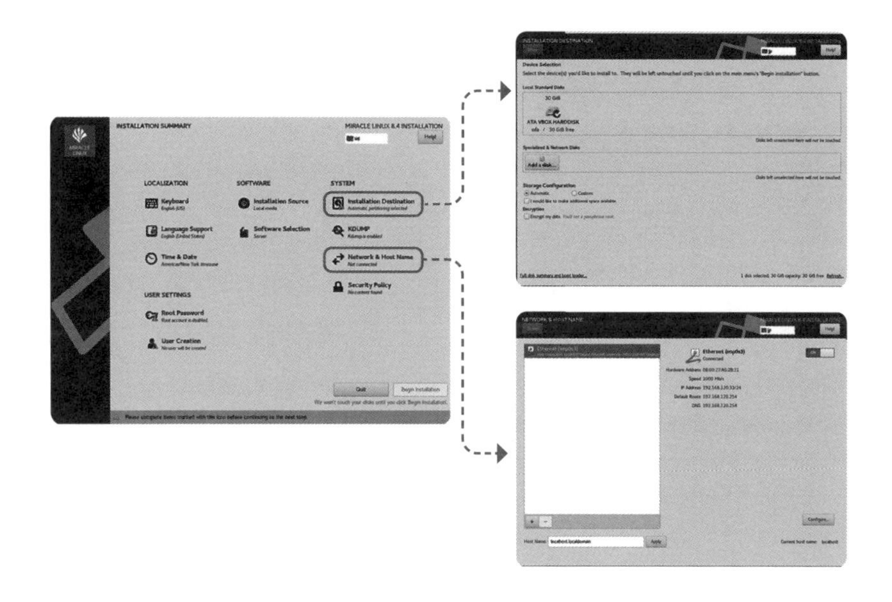

インストール後のネットワークを有効にするには、設定画面右にあるスイッチバーを「ON」に切り替えます。

「Root Password」は、「root」のパスワード設定です。

推測されにくいパスワードを設定してください。

「User Creation」は、一般ユーザーを作成するためのものです。「Make this user administrator」オプションを有効にすると管理者として「sudo」が実行できます。

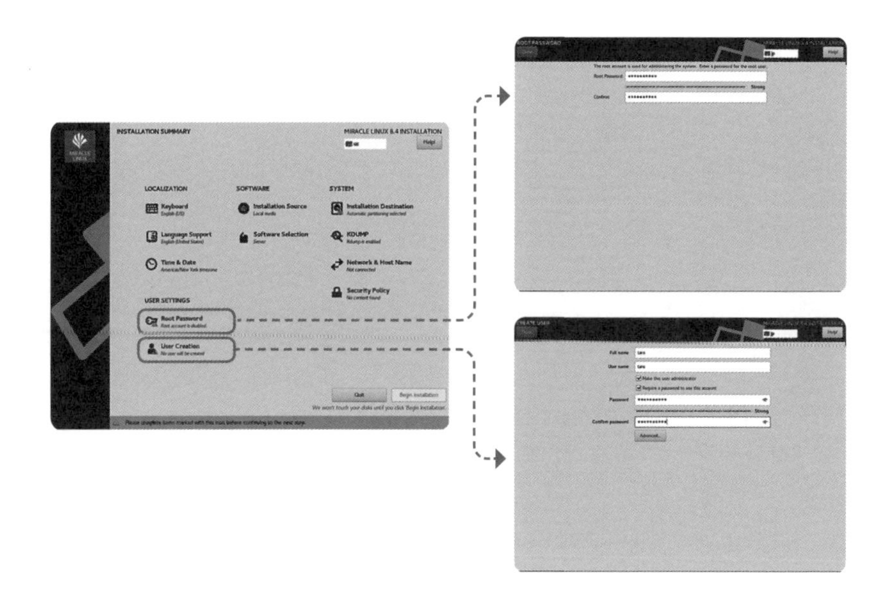

その他、インストールするソフトウェアの指定等行えます。設定項目に不足分がなくなると、画面右下の「Begin Installation」ボタンが押せるようになります。

以後は、ファイルコピー等が行われ進捗状況が表示されます。

インストールが完了すると、「Reboot System」ボタンで再起動が促されます。

再起動後は、インストール時に作成したユーザーでログインできます。

また、Miracle Linux のインストール手順については、公式でマニュアル〔※19〕が用意されています。

必要に応じて活用してください。

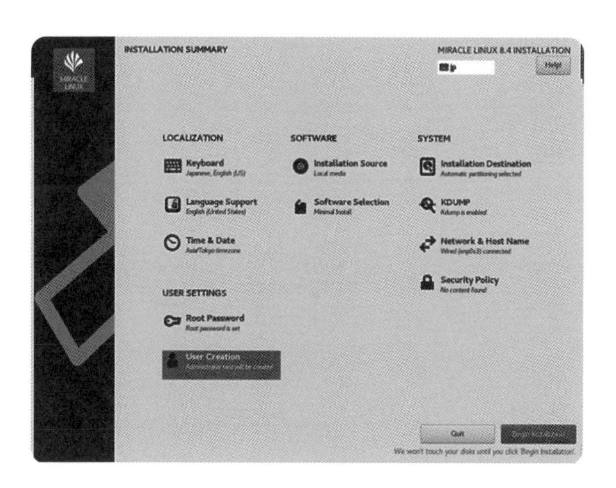

〔※ 19〕https://www.miraclelinux.com/support/docs/ml8_4_installation_guide

空白部分の文章例

各番号の空白部分について、
記載すべき内容を示しています。

ネットワーク基礎編

001	作図例：回線事業者と ISP を LAN とインターネットの間に記載する 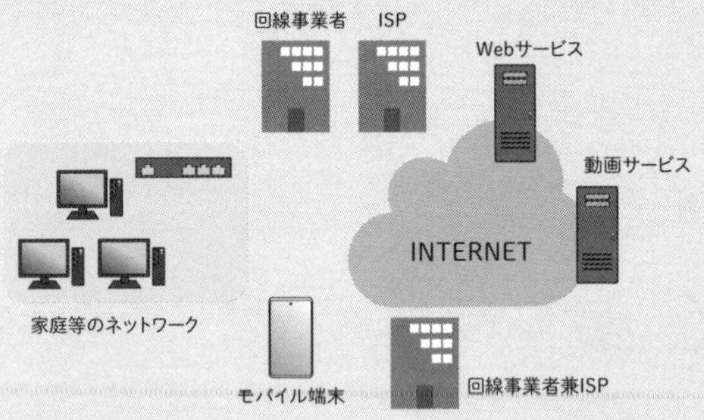 回線事業者 ISP Webサービス 動画サービス INTERNET 家庭等のネットワーク モバイル端末 回線事業者兼ISP	図中
002	（NTT 東西、KDDI、J-Com など）	
003	同じ建物の中にあるコンピュータやプリンタを通信回線で相互に接続して	
004	イーサネット（Ethernet）	
005	IEEE802.11	
006	MAC アドレスを学習し、宛先の MAC アドレスが存在するポートにのみフレームを送出	
007	2 つ以上の異なる IP ネットワークを相互接続して通信データを中継する	
008	プロトコル（protocol）	
009	アプリケーション層	モデル図も同様
010	トランスポート層	モデル図も同様
011	インターフェース層	モデル図も同様

012	ネットワーク層（ネットワークインターフェース層）	モデル図も同様
013	データ	表中
014	セグメント	表中
015	パケット	表中
016	フレーム	表中
017	ビット	表中
018	100Base-Tx、100Base-T	表中
019	100Base-Tx、1000Base-T	表中
020	1000Base-Tx、10GBase-T	表中
021	全二重通信（Full Duplex）	
022	半二重通信（Half Duplex）	
023	信号減衰	
024	衝突	
025	スイッチで接続されたネットワーク	
026	IP アドレスから MAC アドレス	
027	IP アドレス	
028	コネクションレス型	
029	ping	
030	traceroute	
031	信頼性のある通信	
032	コネクション型	
033	Three-way Handshake	
034	FIN	表中
035	SYN	表中
036	RST	表中
037	PSH	表中
038	ACK	表中
039	URG	表中
040	コネクションレス型	
041	SSH	表中
042	Telnet	表中
043	SMTP	表中
044	HTTP	表中
045	IMAP	表中
046	SNMP	表中
047	HTTPS	表中

048	ネットワークデバイスを識別するための識別番号	
049	クラスフル	
050	ネットワークのアドレス	
051	ホストのアドレス	
052	LAN などの閉鎖されたネットワーク	
053	インターネットの通信	
054	NAT (Network Address Translation)	
055	10.0.0.0~10.255.255.255	表中
056	10.0.0.0/8	表中
057	172.16.0.0~172.16.31.255	表中
058	172.16.0.0/12	表中
059	192.168.0.0~192.168.255.255	表中
060	192.168.0.0/16	表中
061	クラスレス	
062	サブネットマスク	
063	サブネットマスク	
064	Cisco IOS	
065	プロンプト	
066	ユーザー EXEC モード	表中
067	>	表中
068	特権 EXEC モード	表中
069	#	表中
070	グローバルコンフィグレーションモード	表中
071	(config)#	表中
072	設定内容の確認や保存、機器の再起動	
073	(config-if)#	
074	running-config	
075	show running-config	
076	startup-config	
077	ROM	表中
078	Flash メモリ	表中
079	NVRAM	表中
080	RAM	表中
081	copy running-config startup-config	コマンド操作欄
082	erase startup-config	コマンド操作欄
083	ブロードキャストドメイン	

084	ルーター	
085	L3 スイッチ	
086	宛先ネットワーク (network address subnetmask)、ゲートウェイアドレス	
087	デフォルトルート	
088	ネットワークアドレスの同じ、ip アドレス間	
089	全ての宛先に対する 1 つの経路	
090	ロンゲストマッチの法則	
091	自発的に SNMP エージェントからイベントの通知を行なう	
092	データリンク層 (レイヤー 2)	
093	ハードウェア処理	
094	ブロードキャストドメイン	
095	仮想的に複数のスイッチで構成されたネットワーク	
096	VLAN1	
097	TELNET	
098	SSH	
099	SNMP	
100	管理 VLAN	
101	クライアントとしてのコンピュータやサーバ	
102	IEEE802.1Q	表中
103	ISL	表中
104	ルーターを用いた方法	
105	L3 スイッチを用いた方法	
106	トランクポート	
107	サブインターフェース	
108	no shutdown	
109	L2 動作 (フレーム転送)	
110	L3 動作 (ルーティング)	
111	ip routing	
112	ループ状態 (ブロードキャストストーム)	
113	論理的にポートをブロック状態	
114	フィルタリング	
115	マッチング	
116	1~99	
117	送信元 IP アドレスの範囲	
118	IP アドレスとワイルドカードマスク	

119	0 になっている部分は基準 IP アドレスと一致する必要があり、1 となっている部分は基準 IP アドレスと一致している必要はない	
120	100~199	
121	送信元 IP アドレス（ネットワーク）	
122	宛先 IP アドレス（ネットワーク）	
123	レイヤ 4 プロトコル（TCP/UDP）	
124	ポート番号	
125	暗黙の deny	
126	レイヤ 3 デバイスを冗長化	
127	Cisco 機器同士で構成する必要	
128	共通の Standby Group 番号	
129	VIP（VirtualIP）	
130	仮想 IP アドレス（VIP）	
131	0~255	
132	preempt	
Linux 基礎編		
133	ユーザー ID	
134	パスワード文字列	
135	nmcli	
136	h[ostname]	表中
137	o[n]	表中
138	of[f]	表中
139	c[onnectivity]	表中
140	a[ll] [on|off]	表中
141	w[ifi] [on|off]	表中
142	[status]	表中
143	sh[ow]	表中
144	se[t]	表中
145	c[onnect]|d[isconnect]	表中
146	r[eapply]	表中
147	m[onitor]	表中
148	de[lete]	表中
149	mod[ify]	表中
150	ネットワークの疎通確認	
151	疎通と遅延	

152	認証情報を含む全ての情報がネットワーク上に平文（非暗号化）	
153	通信経路に流れるメッセージを暗号化	
154	ユーザー名（ID）	
155	パスワード	
156	鍵のペア（公開鍵と秘密鍵）	
157	秘密鍵	
158	公開鍵	
159	ユーザーの命令をハードウェアに伝達	
160	内部コマンド（ビルトイン）	
161	外部コマンド	
162	環境変数 PATH	
163	前のコマンドを実行した後に、次のコマンドが実行	
164	前のコマンドの終了を待たずに次のコマンドが実行	
165	コマンドの実行結果が正常終了した時にだけ、次に指定したコマンドが実行	
166	直前のコマンドが失敗した時に、次に指定したコマンドが実行	
167	特定のファイルやディレクトリの位置を示す文字列	
168	/home/john/reports/05_may	
169	../home/john/reports/05_may	
170	カレントディレクトリを基準にパスの指定を行う	
171	入力ストリームや出力ストリームを、演算子を使って通常のストリームから切り替える	
172	標準出力と標準入力をつなぐ	
173	パターンマッチの記述方法を使って規則性を持った文字列を表現	
174	スクリプトコマンドを通じてテキストの変更やフィルタを行う	
175	ファイルシステム内にあるファイルを検索	
176	ファイルの内容や出力結果に対してパターンマッチングを適用する	
177	大文字と小文字は区別されて、異なったもの	
178	隠し属性がついて、通常は表示されない（アクセスできないわけではない）	
179	ツリー（木）構造を持っていて、下位には複数分散することができますが、上位は１つの構成	
180	ディレクトリの場所や利用基準	
181	ファイル所有者、グループ所有者、その他ユーザー	

182	8 進数指定と文字列指定	
183	111 110 100	
184	764	
185	指定した名前のディレクトリ（フォルダ）	
186	指定したディレクトリ内には、ファイルやディレクトリが存在せずに、空である	
187	指定したファイルやディレクトリの複製	
188	別名として移動した時は、結果的にファイル名の変更	
189	出力変換指定子を指定して出力する値を指定	
190	ファイルの内容を標準出力	
191	リダイレクト先に読み込むファイルを指定すると、ファイルの内容が消えてしまう	
192	ログの監視や、デバッグに利用する	
193	行単位で並べ替えて	
194	ファイル内に含まれる共通のフィールドを使って	
195	連続して重複する行	
196	文字列を各行で、指定した位置から抽出する	
197	行数やサイズを指定して、複数のファイルに分割する	
198	種類をテストによって分類し、どのようなファイルであるかを判定する	
199	表示内容を 1 画面単位で表示	
200	追加されている箇所、削除された箇所、更新された箇所	
201	入力モードとコマンドモード	
202	カーソルの移動やファイル保存、エディタの終了	
203	削除の概念がなく、削除した内容はバッファに保管（切り取り）	
204	プログラム本体やライブラリ、マニュアルなどを含んだファイル（アーカイブ）	
205	インストール、更新、アンインストールといったソフトウェアの管理	
206	定義されているリポジトリの場所（ファイルシステムや URI など）にアクセスして、該当のソフトウェアを取得すること	
207	依存関係	
208	/etc/apt/sources.list	
209	リポジトリにあるパッケージの収録情報を、ローカルの Linux 内で管理する	
210	インストール、更新、アンインストールのパッケージ操作を提供する	
211	照会や検索をする	

212	コマンドやファイルから、パッケージ名を検索する	
213	パッケージの依存関係は､指定されたパッケージを基にして自動的に必要な関連パッケージがインストール	
214	ローカルファイルシステムにリポジトリの情報は保持していない	
215	インストールやアンインストールなどの操作を行う	
216	インストール、アンインストール、更新	
217	関連のパッケージやライブラリを同時あるいは先にアンインストール	
218	ビルド（コンパイル、リンカ）してバイナリにする	
219	データ転送時のデータ量の削減やディスク内の空きスペースを増やす	
220	RAW データのファイルサイズよりも小さくすることが目的	
221	圧縮済みのファイルを元の RAW データの状態に戻す	
222	圧縮済みの zip ファイルに､パスワードを設定および解除する	
223	ファイル単体	
224	複数のファイルをまとめる	
225	複数のファイルをひとまとめにしたものと、そのファイルに対するメタデータを含んだもの	
226	ソフトウェア開発のプラットフォームで、バージョン管理を行いながら開発を進める	
227	単一の開発者だけでなく複数の開発者が同じプロジェクトのソースコードを同時に操作できる	
228	必要に応じてバイナリに変換する	
229	コンパイラを用いて、機械語に変換	
230	ソフトウェアをビルドおよび実行するシステム環境を調査	
231	プログラムを構成するファイル間の関係と各ファイルを更新するためのプログラムを記述	
232	データやプログラムなどを電磁的に書き込んだり読み出したりする記憶装置	
233	高速に読み書きできる	
234	デバイスの接続や取り外しの際に、システムの電源を切っておく	
235	コンピュータの電源を入れたままの状態で、接続や取り外し	
236	パーティションにファイルシステムを作成する	
237	ハードディスクには、最低 1 つのパーティション	
238	対話形式のコマンド	
239	コマンドラインモードと対話モードのいずれかを使うこと	

240	初期化（フォーマット）機能	
241	Linux が動作するディレクトリ階層に、利用したいファイルシステムが接続されている	
242	マウントを実行したディレクトリの下位層は、接続したデバイスによって見えなく（削除されたわけではない）	
243	マウントしたディレクトリ階層とデバイスファイル名	
244	物理メモリが不足した際に、代替えのメモリの役割	
245	物理メモリの 1 倍から 2 倍程度	
246	初期化した仮想メモリ領域を、有効	
247	有効になっている仮想メモリを解除	
248	Linux の起動時にディスクを自動マウント	
249	1 行に対して 6 個のフィールド	
250	複数のディスクや、ディスク内に構成したパーティションを、論理的な 1 つの領域（LV）	
251	分割時に指定した領域は、論理的に構成した領域の中であれば、拡大・縮小の変更	
252	最大 64,000 個	
253	64,000 個	
254	UID=0,GID=0	表中
255	許可されたユーザーと許可されたコマンド以外が使用できない	
256	グループ名の先頭に「%（パーセント）」をつけて	
257	必ず一意の番号	
258	「/etc/passwd」ファイルや「/etc/shadow」	
259	パーミッションに SUID がセットされているため	
260	全てのユーザーのパスワードを変更する	
261	自身のパスワードのみ変更する	
262	パスワードポリシー（辞書に登録されていない、ユーザー名を含まないなどの規則）に沿った文字列	
263	ホームディレクトリ、使用シェル、グループ情報	
264	ホームディレクトリ配下のものは、オプション指定によってユーザー削除と共に消すことができます	
265	グループに対する権限を使って操作できる	
266	定期的に実行するプログラムや、スケジューリングされたプログラムの実行を、ユーザーへの影響を最小限にして、システムのリソースを活用する	
267	時刻の正確さとシステムが稼働状態である	
268	1つのジョブを1行で構成していて、構成フィールドはスペースまたはタブの空白で区切り	

269	7つ	
270	ファイル内にプログラムの名前を指定する	
271	cron.allow に記載	表中
272	cron.deny に記載されたユーザー以外	表中
273	cron.allow に記載されたユーザー	表中
274	特権ユーザー（root）のみ	表中
275	時刻をもとに特定	
276	UTC から 9 時間進めた	
277	システムクロックを確認や、システム動作中の時刻を変更する	
278	システムクロックとの同期を取る	
279	原子時計のストラータム（stratum）は 0	
280	ストラータムが 16 以上になった時には、その時刻は信頼性に欠ける扱い	
281	server ステートメントとして記述	
282	通常の動作記録に加えて、サーバの状態やサービスの動作、不正なアクセスなどを記録	
283	システムにインストールされているシェルであれば、ユーザーは切り替えて使用する	
284	スペースを空けずに指定	
285	変数の先頭に「$（ドル）」をつけて	
286	どのシェルからも参照できる変数で、大文字で定義	
287	実行中のシェルのみで参照可能な変数	
288	値の評価のほか、ファイルやディレクトリの存在チェック	
289	if ~ fi	
290	評価したい条件の数だけ用意する	
291	case ~ esac	
292	do ~ done	
293	2 重に記載する必要があり、カッコ内に変数の初期値（expr1）、繰り返し条件（expr2）、ループ後の処理（expr3）	
294	指定条件が成立（真）の間、繰り返し処理を実行	
295	何もせずに真を返す	
296	1 以上の整数で、脱出する while ブロックの数	
297	キーボードから入力を受け付けて、変数に格納	
298	指定した範囲で数値を生成する	
299	文字列を連結して、コマンドとして実行する	

300	ストリームやファイルを走査して、指定したパターンがある時は、パターンのいずれかと一致する行に対して、指定されたアクションを実行	
301	脆弱性を一意に識別する番号	表中
302	脆弱性のタイプを体系的に分類	表中
303	脆弱性の深刻度を評価する数値指標	表中
304	異なる組織によって公表される脆弱性対策情報が、共通の脆弱性情報であること	
305	ソフトウェアにおけるセキュリティ上の弱点（脆弱性）の種類を識別する	
306	脆弱性の深刻度を同一の基準の下で定量的に比較できる	
307	Linux カーネルに実装されたパケットフィルタリング型	
308	iptables	表中
309	ip6tables	表中
310	iptables/ip6tables	表中
311	arptables	表中
312	ebtables	表中
313	デフォルトのポリシーとして通信拒否	
314	ネットワークインターフェースやアドレス帯に割り当てること	
315	インターフェースか、Source（アドレス定義）が紐づくのいずれか	
316	通信を拒否する動作	
317	複数の条件を組み合わせた複雑な設定をする	
318	利用者に制限がなく、利用ユーザーでコンピュータリソースを共有	
319	利用者を制限した環境	
320	事業者の施設内に用意したクラウド基盤を、一般の自由な利用に向けてインターネット経由で提供	表中
321	単一の組織で使用する専用のクラウド基盤	表中
322	自社内で、ハードウェアを調達し、自社の施設内に環境を構築、運用する実装形態	表中
323	自社内で調達したハードウェアを、事業者の提供するデータセンターに設置して、構築、運用する実装形態	表中
324	事業者が提供するデータセンターにあるハードウェア等のリソースを利用して、構築、運用する実装形態	表中
328	仮想マシンの基盤といったインフラ部分	表中
326	OS といったプラットフォーム	表中
327	Web アプリケーションの機能	表中

328	データセンターがある地域のこと	
329	インスタンスが停止すれば保存されていたデータは全て消失する	
330	アプリケーションレベルで仮想化を実現	
331	カーネルを独立して動作させるか共有して動作させるか	

索　引 index

最後に

オープンソースの世界では、日々ソフトウェアは進化し続けています。本書は2022年の1月時点の内容を記載していますが、仕様変更等によるソフトウェアの利用方法、システムの流行等は変化していきますことはご承知おきください。

株式会社ゼウス・エンタープライズは、リナックスとネットワークに強いエンジニアを育成するため、LPI-Japanのアカデミック認定校としてITキャリアスクール「Zeus Linux Training Center / Zeus Network Training Center」を運営しています。

本書は、インフラ業務で必要な技術の基本部分となりITインフラの導入部分で、内容を完成（理解）するたには、自分で考える（または調べる）必要があります。

この力は、ITエンジニアには必要な力で、最前線で活躍するITエンジニアは、技術の内面を理解するために、目の前の事象についてあらゆる角度から考える習性を持ち合わせています。

そのため、ITキャリアスクールの活動として、この基本部分を含めて専門的な知識を加えた、クライアントのご要望に対応できるエンジニア育成カリキュラムを用意しています。

ネットワーク分野、サーバー分野において、技術力の習得だけでなく、考える力を養うことによって、未経験者が現場ですぐに活躍できる人材を育成することができます。

本書をきっかけとして、IT技術および当社に興味を持っていただけますと幸いです。

株式会社ゼウス・エンタープライズ

Zeus Linux Training Center /
Zeus Network Training Center

インフラ 自分(じぶん)で作(つく)る教科書(きょうかしょ) 入門編(にゅうもんへん)

発行日　2022 年 6 月 26 日　　初版発行

著　者　　大内敏昭／関 裕介／ Carl Stevens ／笠原弘美（共著）
発行者　　高木利幸
発行所　　株式会社説話社
　　　　　〒 169-8077 東京都新宿区西早稲田 1-1-6

デザイン　染谷千秋
印刷・製本　中央精版印刷株式会社

ISBN 978-4-906828-89-0　C 3055